农村饮用水安全保障

王罗春　安　莹　赵由才　编著

北　京
冶　金　工　业　出　版　社
2018

内 容 提 要

本书根据农村供水工程点多、面广、水源类型繁多、水质复杂及规模小等特点，汇集农村饮用水安全保障的相关资料编写而成。全书共五章，第1章绪论，主要总结了农村饮用水安全保障的法规体系；第2章农村饮用水安全保障相关标准，主要汇编了与农村饮用水安全保障相关的标准与规范；第3章农村饮用水源地环境保护技术，主要包括农村饮用水水源地的分类、主要污染源、水源防护区的划分及污染防护要求；第4章农村供水处理技术，主要包括水处理工艺的选择、常规水处理技术和特殊水处理技术；第5章水质监测。

本书可供从事农村饮水安全工程建设和管理、农村饮用水供水和管水、农村水环境治理工作的技术人员和管理人员阅读，也可供大专院校相关专业师生参考。

图书在版编目(CIP)数据

农村饮用水安全保障/王罗春，安莹，赵由才编著．—北京：冶金工业出版社，2018.1

（实用农村环境保护知识丛书）

ISBN 978-7-5024-7659-5

Ⅰ.①农… Ⅱ.①王… ②安… ③赵… Ⅲ.①农村给水—饮用水—供水水源—安全管理 ②农村给水—饮用水—给水卫生 Ⅳ.①TU991.11 ②R123.9

中国版本图书馆CIP数据核字（2017）第301927号

出 版 人 谭学余

地 址 北京市东城区嵩祝院北巷39号 邮编 100009 电话 (010)64027926

网 址 www.cnmip.com.cn 电子信箱 yjcbs@cnmip.com.cn

责任编辑 杨盈园 美术编辑 杨 帆 版式设计 孙跃红

责任校对 郑 娟 责任印制 牛晓波

ISBN 978-7-5024-7659-5

冶金工业出版社出版发行；各地新华书店经销；三河市双峰印刷装订有限公司印刷

2018年1月第1版，2018年1月第1次印刷

169mm×239mm；9.5印张；182千字；139页

44.00元

冶金工业出版社 投稿电话 (010)64027932 投稿信箱 tougao@cnmip.com.cn

冶金工业出版社营销中心 电话 (010)64044283 传真 (010)64027893

冶金书店 地址 北京市东四西大街46号(100010) 电话 (010)65289081(兼传真)

冶金工业出版社天猫旗舰店 yjgycbs.tmall.com

（本书如有印装质量问题，本社营销中心负责退换）

前　言

水是生命之源，人体的一切新陈代谢过程都离不开水。人体内的水分大约占到体重的60%，成年人每天需要饮用1000~1500mL的水。

如果长期饮用水质不符合要求的水，有可能导致介水性传染病、化学污染引起的疾病、生物地球化学特征引起的水性地方病和藻类污染引起的疾病等四大类疾病。

2005年，我国启动了农村饮水安全应急工程。2005年国家发展和改革委员会、水利部和卫生部联合组织开展了农村饮水安全现状调查评估，核定2004年底我国农村饮水不安全人数为3.23亿。在“十一五”规划期间，我国解决了2.21亿农村人口的饮水安全问题。

2009年8月，水利部和卫生部联合下发《关于开展〈2010—2013年全国农村饮水安全工程规划〉规划人口调查复核工作的通知》（办农水［2009］347号），调查核定2010年底新增农村饮水不安全人数19590万。“十二五”期间基本解决了2.983亿农村人口和11.4万所农村学校的饮水安全问题。到2015年底，我国农村饮水安全问题基本得到解决。但一些地区农村饮水安全成果还不够牢固、容易反复，在水量和水质保障、长效运行等方面还存在一些薄弱环节。

2016年1月15日国家发展和改革委员会、水利部、财政部、国家卫生计生委、环境保护部、住房和城乡建设部等六部委联合发布《关于做好“十三五”期间农村饮水安全巩固提升及规划编制工作的通知》（发改办农经［2016］112号），提出“十三五”期间，我国农村饮水安全工作的主要预期目标是：到2020年，全国农村饮水安全集中供水率达到85%以上，自来水普及率达到80%以上；水质达标率整体有较大提高；小型工程供水保证率不低于90%，其他工程的供水保证率不低于95%。推进城镇供水公共服务向农村延伸，使城镇自来水管网覆盖村的比例达到33%。健全农村供水工程运行管护机制，逐步实现良性可持续运行。《通知》明确“十三五”农村饮水安全巩固提升工程三个重点是：(1) 切实维护好、巩固好已建工程成果。(2) 因地制宜加强供水工程建设与改造。(3) 强化水源保护和水质保障。

“十三五”期间，通过实施农村饮水安全巩固提升工程，切实将成果巩固住、稳定住、不反复，全面提高农村饮水安全保障水平，对中央提出的“到2020年全面建成小康社会、确保贫困地区如期脱贫等目标”的实现非常关键。

本书涵盖了农村饮用水安全保障的法律法规、相关标准、饮用水源地环境保护技术、供水处理技术、水质监测等内容，使读者了解在法律、标准和技术等方面为农村饮用水安全保障提供的支撑作用。

参加本书编著的主要有上海电力学院的王罗春（第1~5章）、安莹（第3~4章）和同济大学的赵由才（第1~2章）。此外，上海电力学院的李琳和田新梅在文献资料搜集、整理方面也做了大量的工作，在此特表谢意。

限于编著者水平和时间，书中不足和疏漏之处，敬请读者批评指正。

作　者

2017年9月

目　　录

1 绪　论

1.1 饮用水与农村饮用水安全

1.1.1 饮用水

饮用水是指可以不经处理、直接供给人体饮用的水。饮用水包括干净的天然泉水、井水、河水和湖水，也包括经过处理的矿泉水、纯净水等。加工过的饮用水有瓶装水、桶装水、管道直饮水等形式。

人体内的水分，大约占到体重的60%。其中，细胞内液约占体重的40%，细胞外液占20%（其中血浆占5%，组织间液占15%）。成人体液是由水、电解质、低分子有机化合物和蛋白质等组成，广泛分布在组织细胞内外，构成人体的内环境。人体新陈代谢是一系列复杂的生物物理和生物化学反应过程，主要是在细胞内进行的，这些过程都离不开水。水是机体物质代谢必不可少的物质，细胞必须从组织间液摄取营养，而营养物质溶于水才能被充分吸收，物质代谢的中间产物和最终产物也必须通过组织间液运送和排除。

一般而言，人体每天通过尿液、流汗或皮肤蒸发等流失的水分，大约是1800~2000mL，因而每天需要补充2000mL左右的水分，扣除三餐中由食物摄取的水分，我们每天需要饮用1000~1500mL的水。

人体一旦缺水后果是很严重的。缺水量为体重的1%~2%时，人会感到渴；缺水量为体重的5%时，人会口干舌燥、皮肤起皱、意识不清，甚至幻视；缺水量为体重的15%时，后果往往甚于饥饿。没有食物，人可以活较长时间（有人估计为两个月）；如果缺水，至多能活一周左右。

1.1.2 农村饮用水安全

根据2004年11月水利部和卫生部联合下发的《关于印发农村饮用水安全卫生评价指标体系的通知》（水农［2004］547号），农村饮用水安全的标准包括以下四个方面：

（1）水质符合国家《生活饮用水卫生标准》（GB 5749—2006）的要求；

（2）每人每天可获得的水量不低于40~60L；

（3）供水到户或人力取水往返时间不超过10min；

（4）供水水源保证率不低于90%。

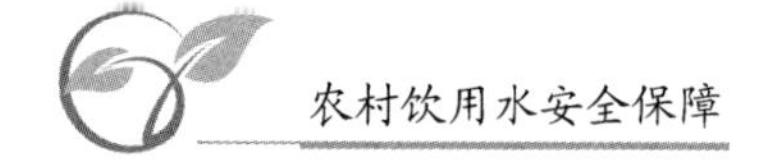

人们日常生活中所提及的饮用水安全一般是指第一条，即饮用水水质符合国家《生活饮用水卫生标准》（GB 5749—2006）的要求。

如果长期饮用水质不符合要求的饮用水，有可能引起介水传染病、化学污染引起的疾病、生物地球化学特征引起的水性地方病和藻类污染引起的疾病等四类疾病。

1.1.2.1 介水性传染病

介水性传染病是通过饮用或接触受病原体污染的水而传播的疾病。其中，霍乱、病毒性肝炎、脊髓灰质炎、细菌性和阿米巴性痢疾、伤寒和副伤寒、感染性腹泻病主要是由饮用含病原体的水而引起的。其主要原因是水源水受到病原体污染后，没有得到有效地消毒处理、饮水设备或输配管道被污染，被消费者饮用后，引发大面积的疾病暴发。介水性的传染病一旦暴发，危害较大，短期内出现大量的患者。多数的患者发病日期集中并在同一潜伏期内，可呈现暴发流行。

1.1.2.2 化学污染引起的疾病

随着全球经济的飞速发展，水中化学污染日益突出。据 WHO 资料，现查明饮用水中有害的有机污染物 765 种。这些化学物质在水中残留时间长，多数不易被降解，可直接对人体产生毒害作用，高浓度短时间作用于人体可产生急性毒性作用；低浓度长时间作用于人体可产生慢性毒性作用。

现代科学证明，饮水与癌症发病率之间的确存在着某些因果关系。WHO 调查表明，目前从饮用水中检出的 765 种有害有机物中，确认致癌物 20 种，可疑致癌物 23 种，致突变物 56 种，促癌剂 18 种。其中一些化学污染物还是环境内分泌干扰物，它能改变人机体内分泌功能，并对机体及其后代引起有害效应。人群流行病学调查表明，环境内分泌干扰物能引起人类的生殖障碍、发育异常及某些癌症，如乳腺癌、睾丸癌、卵巢癌，并引起男性精子数下降，孕妇早产，增加新生儿出生缺陷的风险。

某些有致癌作用的化学物质，如砷、铬、镍、铍、苯胺及其他芳烃、氯代烃、氯代芳烃污染水体后，可以在悬浮物、底泥和水生物体内蓄积起来。人若长期饮用含有这类物质的水就很容易诱发癌症。

1.1.2.3 生物地球化学特征引起的水性地方病

由于某一区域自然界的水和土壤中某种化学元素过多或过少，使当地动物和人群中发生特有的疾病，称为生物地球化学性疾病（又称为“地方病”）。我国常见的与饮用水有关生物地球化学性疾病为地方性氟中毒、地方性砷中毒和地方性甲状腺肿。

A　地方性氟中毒

地方性氟中毒是人体从水、食物、空气中摄入过量的氟而引起的一种慢性全身性疾病，主要表现为氟斑牙和氟骨症。我国地方性氟病主要属饮水型，氟骨症的患病率与饮水中的氟含量呈正相关。

B　地方性砷中毒

地方性砷中毒是由于饮用含砷量高的水而引起的一种地方病。主要表现为末梢神经炎、皮肤色素沉着、手掌和脚掌皮肤高度角化，严重者可致皮肤癌。

C　地方性甲状腺肿

地方性甲状腺肿的主要发病原因是水和土壤中缺乏碘。该病的主要临床特征是甲状腺肿大，严重流行地区儿童可发生地方性克汀病，病人痴呆、矮小、聋哑、智力低下。饮水中碘含量越低，该病发病率越高，饮水中碘含量低于10.0μg/L时，就有可能发生地方性甲状腺肿；含量低于2μg/L时，居民中甲状腺肿患者可达50%。

1.1.2.4　藻类污染引起的疾病

藻类污染俗称“水华”，是指内陆水域一些浮游生物（如蓝藻等）的暴发繁殖引起的水色异常现象。

蓝藻毒素（cyanotoxin）中的微囊藻毒素（microcystin，简写MC）常常简称为藻毒素，具有亲水性和耐热性，易溶于水、甲醇或丙酮不挥发，抗pH值变化等特点。最常见的一种异构体MC-LR的分子式为$C_{49}H_{74}N_{10}O_{12}$，相对分子质量为995.2。MC-LR的毒性很强，对小鼠的半致死剂量（LD_{50}）约为50～100μg/kg。MC是一种肝毒素，具有强烈地促癌效应。慢性MC染毒曾引起巢湖渔民实质性的肝损伤。

藻毒素在水中的溶解性大于1g/L，化学性质相当稳定。在水中藻毒素自然降解过程是十分缓慢的，当水中的含量为5μg/L时，三天后，仅10%被水体中微粒吸收，7%随沙沉淀。

藻毒素有很高的耐热性，加热煮沸都不能将毒素破坏，也不能将其去除；自来水处理工艺的混凝沉淀、过滤、加氯也不能将其去除。消毒效果最好的是臭氧和氯，可有效灭活微囊藻毒素。

饮水中微量微囊藻毒素对人类健康具有很大危害性。少量喝入可引起急性肠胃炎；长期饮用则通过干扰脂肪代谢引起非酒精性脂肪肝，进一步诱发肝癌。

1.2　农村饮用水安全保障的重要性

1.2.1　我国农村饮水安全工程

2005年，国家启动了农村饮水安全应急工程。国家发展改革委、水利部和卫生部联合组织开展了农村饮水安全现状调查评估，核定2004年底我国农村饮水不安全人数为3.23亿。2005年以来，国家组织实施了《2005~2006年农村饮水安全应急工程规划》和《全国农村饮水安全工程“十一五”规划》，共计解决了2.21亿农村人口的饮水安全问题。截至2010年底，原农村饮水安全现状调查评估核定的饮水不安全人数还剩余1.02亿。

2009年8月，水利部和卫生部联合下发《关于开展“2010~2013年全国农村饮水安全工程规划”规划人口调查复核工作的通知》（办农水［2009］347号），调查复核确定纳入“十二五”规划的农村饮水不安全人数为29810万，其中原农村饮水安全现状调查评估核定剩余人数10220万，新增农村饮水不安全人数19590万（含国有农林场饮水不安全人数813万）。另有11.4万所农村学校需要解决饮水安全问题。

2010年底，我国农村29810万饮水不安全人中，饮用水水质不达标16755万人，占饮水不安全人数的56.2%，缺水问题（水量、方便程度和保证率不达标）13055万人，占饮水不安全人数的43.8%。

“十二五”期间，规划解决2.983亿农村人口（含国有农林场）饮水安全问题和11.4万所农村学校的饮水安全问题，使全国农村集中式供水人口比例提高到80%左右，供水质量和工程管理水平显著提高。

到2015年底，我国农村饮水安全问题基本得到解决。但一些地区农村饮水安全成果还不够牢固、容易反复，在水量和水质保障、长效运行等方面还存在一些薄弱环节。“十三五”期间，计划通过实施农村饮水安全巩固提升工程，切实把成果巩固住、稳定住、不反复，全面提高农村饮水安全保障水平。

1.2.2 农村饮用水安全保障的重要性

1.2.2.1 减少疾病，提高农村群众健康水平

饮用水源作为人类生存的基本资源，对其加以保护是保障人的生命健康的必然要求。联合国开发计划署在2006年发表的《人类发展年度报告》中指出，世界范围内的不洁饮用水比子弹更有杀伤力，每年死于和饮用水有关疾病的儿童就有200万。据世界卫生组织的资料，在发展中国家，80%的疾病是由不安全的水和劣质的卫生条件造成的，妇女儿童受危害最为严重。要减少疾病、拯救生命，最行之有效的措施就是使所有人得到安全的饮用水。我国农村饮用水卫生安全面临的主要问题有：

（1）建设方面：农村饮用水集中式供水人口比例依然较低，因此农村改水任务依然很重。新建水厂绝大多数为小规模的集中式供水系统，建设标准低，预示这些水厂的使用年限短，面临再次改水甚至三次改水。建设不规范，如消毒率仅为20%左右。

（2）管理方面：重建轻管，长效管理机制缺失，管理难度大，管理人员素质低，农民的饮水安全卫生知识和意识缺乏。

（3）卫生方面：农村饮水水质合格率低，微生物不合格的问题是农村饮水合格率低的主要原因，存在肠道传染病暴发的风险。氟、砷和有机污染问题仍很严重。卫生监管不到位，监测覆盖率低。

1.2.2.2 促进社会主义新农村建设

中国共产党第十六届中央委员会第5次全体会议关于制定国民经济和社会发展第十一个五年规划的建议中明确指出："建设社会主义新农村，是我国现代化进程中的重大历史任务，要按照生产发展、生活宽裕、乡村文明、村容整洁、管理民主的要求，搞好乡村建设规划。"首先，保护农村饮用水源有利于促进农村生产发展。农村饮用水源遭到污染使得农村的水质遭到破坏，从而使农业生产的自然环境质量下降，影响农业生产发展。保护农村饮用水源，改善农村的水质，提高农用地的产出能力，促进农村生产发展。其次，保护农村饮用水源有利于农村居民富裕。据各省数据分析，"十二五"期间，"农村饮水安全工程"规划实施后，项目区人均年减少医药费支出50元以上；项目区农民还可以通过发展庭院种植业和加工业增收，据各省典型调查统计分析，项目区30%的农民具有庭院经济增收效益，人均增收40元/年以上。

党的十六大提出到2020年全面建成小康社会的奋斗目标，党的十六届四中全会提出了构建和谐社会的伟大构想。但若饮水安全问题不解决，这些目标和构想就难以实现。因此。通过实施农村饮水安全巩固提升工程，采取新建和改造等措施，进一步提高农村供水集中供水率、城镇自来水管网覆盖行政村的比例、自来水普及率、水质达标率和供水保证率，建立健全工程良性运行机制，提高运行管理水平和监管能力，为小康社会的全面建设和和谐社会的构建提供良好的饮水安全保障。

1.2.2.3 促进民族团结，维护社会稳定

建设农村饮用水源保护工程，解决农民饮用水安全问题，让农民群众深刻感受到党和国家对农村工作的重视和关心，可有效减少农民特别是处于边境地区的少数民族因争水、抢水而引起的纠纷，提高农民生活水平和身体素质，促进民族团结和社会稳定。

1.2.2.4 各级政府的重要职责

农村饮水安全工程是农村重要的公共基础设施和公共卫生体系的重要组成部分，其性质决定了农村饮水安全工作具有较强的公益性；农村经济普遍薄弱、农

民收入较低，需要政府扶持；农村饮水安全工程建设涉及水资源等公共资源的合理利用、配置和保护，需要政府统一组织和协调，解决农村饮水安全问题是各级政府的重要职责，各级政府应发挥主导作用。针对目前城乡差距越来越大、“三农”问题越来越突出的现实，国家应该调整政策倾斜对象，从保护弱势群体、保持农村社会稳定角度考虑，加大对包括农村饮水在内的财政转移支付，加强农村的基础设施建设，缩小城乡差距，使全国经济和社会均衡发展。

1.3 农村饮用水安全保障的法规体系

1.3.1 法律法规

目前有关农村饮用水安全方面的法律规定主要散见于环境、水利、建设、卫生等类相关法律法规中，主要的法律法规和规范性文件见表 1-1。

表 1-1 我国饮用水安全相关法律法规

类别	名称	相关条款	主要内容或制度	颁布机构
法律	环境保护法	第 50 条	农村饮用水水源地保护的财政支持	全国人大常委会
	水污染防治法	第 1 章第 1 条、第 3 条、第 8 条；第 5 章；第 6 章第 79 条；第 7 章第 84 条、第 91 条、第 92 条	“保障饮用水安全”的立法目的；饮用水安全突发事件应急预案；饮用水水源保护区制度	
	水法	第 4 章第 33 条、第 34 条；第 5 章第 54 条；第 7 章第 67 条	水源保护，水资源配置及节约使用	
	传染病防治法	第 2 章第 14 条、第 29 条；第 4 章第 42 条；第 6 章第 53 条、第 55 条；第 8 章第 73 条	政府改善饮水的责任；饮用水应当符合的标准；监督检查	
	城乡规划法	第 2 章第 17 条、第 18 条；第 3 章第 35 条	水源地和水系保护；供水、排水等建设的用地布局、建设要求	
	中华人民共和国水土保持法	第 4 章第 31 条、第 36 条	饮用水水源保护区水土流失的预防和治理	

续表 1-1

类别	名称	相关条款	主要内容或制度	颁布机构
行政法规	水污染防治法实施细则	第 2 章；第 3 章；第 4 章	水污染防治的监督管理；地表上水、地下水的污染防治规定	国务院
	“水十条”实施细则	第 4 条、第 5 条、第 6 条、第 8 条	饮用水净化适用技术推广；饮用水水源保护法规标准完善；饮用水水源安全保障	

1.3.1.1 环境类的相关法律

环境类的相关法律包括《中华人民共和国环境保护法》和《中华人民共和国水污染防治法》。2014 年新修订通过的《中华人民共和国环境保护法》虽然没有直接对饮用水作相应规定，但是部分条文对饮用水水源的保护有一定的作用，如第五十条规定：“各级人民政府应当在财政预算中安排资金，支持农村饮用水水源地保护等环境保护工作”。2017 年修订通过的《中华人民共和国水污染防治法》，在第 1 条即明确“保障饮用水安全”的立法目的，并专门设“饮用水水源和其他特殊水体保护”章节，从控制水源污染、保障水源水质的角度提出了我国饮用水安全的法律保障。

1.3.1.2 水利类的直接相关法律

水利类的直接相关法律主要指《中华人民共和国水法》。2016 年修订通过的《中华人民共和国水法》，虽然只是全国人民代表大会常务委员会制定的非基本法律，但却是我国系统规范水事活动的基础法律，对“合理开发、利用、节约和保护水资源，防治水害”等方面的内容做了系统说明，起到了基本法律的作用。

1.3.1.3 卫生类的直接相关法律

《中华人民共和国传染病防治法》是与饮用水关系密切的卫生类法律。其内容明确了法定涉水传染病的种类，规定了各级政府卫生行政部门、供水单位、涉水产品生产企业的法定职责以及失职应负的法律责任。明确了国家卫生标准、卫生许可和监督检查等方面的制度。

1.3.1.4 建设类的直接相关法律

《中华人民共和国城乡规划法》是与饮用水相关的建设类法律，但规定总体比较原则。第 17 条规定“水源地和水系等内容，应当作为城市总体规划、镇总体规划的强制性内容”。第 18 条规定“乡规划、村庄规划的内容应当包括供水、排水等各项建设的用地布局、建设要求”。第35条规定“城乡规划确定的河道、水库、水源地禁止擅自改变用途。”

另外，《中华人民共和国物权法》、《中华人民共和国突发事件应对法》、《中华人民共和国刑法》、《中华人民共和国产品质量法》、《中华人民共和国安全生产法》、《中华人民共和国食品安全法》等法律，也从各个角度对农村饮用水安全保障做出了相关规定，如《中华人民共和国物权法》第86条规定“不动产权利人应当为相邻权利人用水、排水提供必要的便利。对自然流水的利用，应当在不动产的相邻权利人之间合理分配”。《中华人民共和国刑法》第330条，以妨害传染病防治罪规定了供水单位供应的饮用水不符合国家规定的卫生标准，引起甲类传染病传播或者有传播严重危险的行为的刑事责任。

除上述法律之外，国务院还颁布了一系列与农村饮用水有关的行政法规和规范性文件，如《中华人民共和国传染病防治法实施办法》、《“水十条”实施细则》、《中华人民共和国水污染防治法实施细则》、《抗旱条例》、《取水许可和水资源费征收管理条例》、《突发公共卫生事件应急条例》、《关于加强饮用水安全保障工作的通知》等。

1.3.2 部门规章

2010年环境保护部修订的《饮用水水源保护区污染防治管理规定》，2013年发改委、水利部、卫生计生委、环境保护部、财政部联合制定的《农村饮水安全工程建设管理办法》，2016年住房城乡建设部、卫生计生委修订的《生活饮用水卫生监督管理办法》，是目前我国农村饮用水安全保障的主要法律依据，这些规章对农村饮用水水源的保护、农村饮水安全工程建设管理、供水单位供应的饮用水的卫生标准都作了相关规定。

《饮用水水源保护区污染防治管理规定》按照不同的水质标准和防护要求，将饮用水水源保护区一般划分为一级保护区、二级保护区和准保护区（必要时增设），详细给出了饮用水地表水源和饮用水地下水源各级保护区及准保护区内必须遵守的污染防治管理方面的规定。

《农村饮水安全工程建设管理办法》明确了：纳入全国农村饮水安全工程规划、解决农村饮水安全问题的范围为有关省（自治区、直辖市）县（不含县城城区）以下的乡镇、村庄、学校，以及国有农（林）场、新疆生产建设兵团团场和连队饮水不安全人口；农村饮水安全保障实行行政首长负责制，地方政府对农村饮水安全负总责，中央给予指导和资金支持；农村饮水安全工程管理单位负责水源地的日常保护管理，要实现工程建设和水源保护“两同时”，做到“建一处工程，保护一处水源”。

《生活饮用水卫生监督管理办法》规定：国务院卫生计生主管部门主管全国

饮用水卫生监督工作，县级以上地方人民政府卫生计生主管部门主管本行政区域内饮用水卫生监督工作，国家对供水单位和涉及饮用水卫生安全的产品实行卫生许可制度。供水单位供应的饮用水必须符合国家生活饮用水卫生标准。集中式供水单位取得工商行政管理部门颁发的营业执照后，还应当取得县级以上地方人民政府卫生计生主管部门颁发的卫生许可证，方可供水。直接从事供、管水的人员必须取得体检合格证后方可上岗工作，并每年进行一次健康检查。凡患有痢疾、伤寒、甲型病毒性肝炎、戊型病毒性肝炎、活动性肺结核、化脓性或渗出性皮肤病及其他有碍饮用水卫生的疾病的和病原携带者，不得直接从事供、管水工作。

除了上述规章外，一些政府部门还颁布了一系列与农村饮用水安全有关的规章，如水利部颁布的《取水许可管理办法》和《建设项目水资源论证管理办法》等。

农村饮用水安全保障相关标准

2.1 农村饮用水水源水质标准

生活饮用水水源水质分为三级，各级水质指标及限值见表 2-1，其中地表水生活饮用水水源水质必须同时满足表 2-2 的要求。

表 2-1 生活饮用水水源水质指标及限值 (mg/L)

项 目	标 准 限 值					
	一级		二级		三级	
	地下水	地表水	地下水	地表水	地下水	地表水
色度/度	≤5		≤15		≤25	
嗅和味	无					
浑浊度/NTU	≤3				≤10	
肉眼可见物	无					
pH 值	6.5~8.5	6~9	6.5~8.5	6~9	5.5~6.5 8.5~9	6~9
总硬度（以 $CaCO_3$ 计）$/mg \cdot L^{-1}$	≤300		≤450		≤550	
溶解性总固体$/mg \cdot L^{-1}$	≤500		≤1000		≤2000	
硫酸盐$/mg \cdot L^{-1}$	≤150	≤250			≤350	≤250
氯化物$/mg \cdot L^{-1}$	≤150	≤250			≤350	≤250
铁（Fe）$/mg \cdot L^{-1}$	≤0.2	≤0.3	≤0.8	≤0.3	≤1.5	≤0.3
锰（Mn）$/mg \cdot L^{-1}$	≤0.05	≤0.1			≤1.0	≤0.1
铜（Cu）$/mg \cdot L^{-1}$	≤0.05	≤0.01	≤1.0		≤1.5	≤1.0
锌（Zn）$/mg \cdot L^{-1}$	≤0.5	≤0.05	≤1.0		≤5.0	≤1.0
钼（Mo）$/mg \cdot L^{-1}$	≤0.01	≤0.07	≤0.01	≤0.07	≤0.5	≤0.07
钴（Co）$/mg \cdot L^{-1}$	≤0.05	≤1.0	≤0.05	≤1.0		
挥发性酚类（以苯酚计）$/mg \cdot L^{-1}$	≤0.001	≤0.002			≤0.01	≤0.005
阴离子合成洗涤剂$/mg \cdot L^{-1}$	≤0.1	≤0.2	≤0.3	≤0.2	≤0.3	≤0.2
高锰酸盐指数$/mg \cdot L^{-1}$	≤2.0		≤3.0	≤4.0	≤10	≤6.0
硝酸盐（以 N 计）$/mg \cdot L^{-1}$	≤5.0	≤10	≤20	≤10	≤30	≤10
亚硝酸盐（以 N 计）$/mg \cdot L^{-1}$	≤0.01		≤0.02		≤0.1	

续表 2-1

<table>
<tr><th rowspan="3">项　目</th><th colspan="6">标 准 限 值</th></tr>
<tr><th colspan="2">一级</th><th colspan="2">二级</th><th colspan="2">三级</th></tr>
<tr><th>地下水</th><th>地表水</th><th>地下水</th><th>地表水</th><th>地下水</th><th>地表水</th></tr>
<tr><td>氨氮（NH_3—N）/mg·L^{-1}</td><td>≤0.02</td><td>≤0.15</td><td>≤0.2</td><td colspan="2">≤0.5</td><td>≤1.0</td></tr>
<tr><td>氟化物/mg·L^{-1}</td><td colspan="4">≤1.0</td><td>≤2.0</td><td>≤1.0</td></tr>
<tr><td>碘化物/mg·L^{-1}</td><td colspan="2">≤0.1</td><td colspan="2">≤0.2</td><td colspan="2">≤1.0</td></tr>
<tr><td>氰化物/mg·L^{-1}</td><td colspan="2">≤0.01</td><td colspan="2">≤0.05</td><td colspan="2">≤1.0</td></tr>
<tr><td>汞（Hg）/mg·L^{-1}</td><td colspan="2">≤0.00005</td><td>≤0.001</td><td>≤0.00005</td><td>≤0.001</td><td>≤0.0001</td></tr>
<tr><td>砷（As）/mg·L^{-1}</td><td>≤0.01</td><td colspan="5">≤0.05</td></tr>
<tr><td>硒（Se）/mg·L^{-1}</td><td colspan="4">≤0.01</td><td>≤0.1</td><td>≤0.01</td></tr>
<tr><td>镉（Cd）/mg·L^{-1}</td><td colspan="2">≤0.001</td><td>≤0.01</td><td>≤0.005</td><td>≤0.01</td><td>≤0.005</td></tr>
<tr><td>铬（六价）（Cr^{6+}）/mg·L^{-1}</td><td colspan="2">≤0.01</td><td colspan="2">≤0.05</td><td>≤0.1</td><td>≤0.05</td></tr>
<tr><td>铅（Pb）/mg·L^{-1}</td><td colspan="2">≤0.01</td><td colspan="2">≤0.05</td><td>≤0.1</td><td>≤0.05</td></tr>
<tr><td>铍（Be）/mg·L^{-1}</td><td>≤0.00001</td><td>≤0.002</td><td>≤0.00002</td><td>≤0.002</td><td>≤0.001</td><td>≤0.002</td></tr>
<tr><td>钡（Ba）/mg·L^{-1}</td><td>≤0.1</td><td>≤0.7</td><td>≤1.0</td><td>≤0.7</td><td>≤4.0</td><td>≤0.7</td></tr>
<tr><td>镍（Ni）/mg·L^{-1}</td><td>≤0.05</td><td>≤0.02</td><td>≤0.05</td><td>≤0.02</td><td>≤0.1</td><td>≤0.02</td></tr>
<tr><td>滴滴涕/μg·L^{-1}</td><td>≤0.005</td><td>≤0.001</td><td>≤1.0</td><td>≤0.001</td><td>≤1.0</td><td>≤0.001</td></tr>
<tr><td>六六六/μg·L^{-1}</td><td colspan="2">≤0.05</td><td colspan="4">≤5.0</td></tr>
<tr><td>总大肠菌群/个·L^{-1}</td><td colspan="4">≤3.0</td><td colspan="2">≤100</td></tr>
<tr><td>细菌总数/个·mL^{-1}</td><td colspan="2">≤100</td><td colspan="4">≤1000</td></tr>
<tr><td>总 α 放射性/Bq·L^{-1}</td><td colspan="4">≤0.1</td><td colspan="2">>0.1</td></tr>
<tr><td>总 β 放射性/Bq·L^{-1}</td><td colspan="4">≤0.1</td><td colspan="2">>0.1</td></tr>
</table>

表 2-2　地表水生活饮用水水源水质补充指标及限值　(mg/L)

指　　标	限值	指　　标	限值
三氯甲烷	0.06	五氯酚	0.0009
四氯化碳	0.002	苯胺	0.1
三溴甲烷	0.1	联苯胺	0.0002
二氯甲烷	0.02	丙烯酰胺	0.0005
1，2-二氯乙烷	0.03	丙烯腈	0.1
环氧氯丙烷	0.02	邻苯二甲酸二丁酯	0.003
氯乙烯	0.005	邻苯二甲酸二（2-乙基己基）酯	0.008
1，1-二氯乙烯	0.03	水合肼	0.01

续表 2-2

指　标	限值	指　标	限值
1，2-二氯乙烯	0.05	四乙基铅	0.0001
三氯乙烯	0.07	吡啶	0.2
四氯乙烯	0.04	松节油	0.2
氯丁二烯	0.002	苦味酸	0.5
六氯丁二烯	0.0006	丁基黄原酸	0.005
苯乙烯	0.02	活性氯	0.01
甲醛	0.9	林丹	0.002
乙醛	0.05	环氧七氯	0.0002
丙烯醛	0.1	对硫磷	0.003
三氯乙醛	0.01	甲基对硫磷	0.002
苯	0.01	马拉硫磷	0.05
甲苯	0.7	乐果	0.08
乙苯	0.3	敌敌畏	0.05
二甲苯	0.5	敌百虫	0.05
异丙苯	0.25	内吸磷	0.03
氯苯	0.3	百菌清	0.01
1，2-二氯苯	1.0	甲奈威	0.05
1，4-二氯苯	0.3	溴氰菊酯	0.02
三氯苯	0.02	阿特拉津	0.003
四氯苯	0.02	苯并（α）芘	2.8×10^{-6}
六氯苯	0.05	甲基汞	1.0×10^{-6}
硝基苯	0.017	多氯联苯	2.0×10^{-6}
二硝基苯	0.5	微囊藻毒素-LR	0.001
2，4-二硝基甲苯	0.0003	黄磷	0.003
2，4，6-三硝基甲苯	0.5	硼	0.5
硝基氯苯	0.05	锑	0.005
2，4-二硝基氯苯	0.5	钒	0.05
2，4-二氯苯酚	0.093	钛	0.1
2，4，6-三氯苯酚	0.2	铊	0.0001

《地下水质量标准》（GB/T 14848—1993）中的Ⅰ类和Ⅱ类地下水及《地表水环境质量标准》（GB 3838—2002）中的Ⅰ类地表水均属一级，一级水质良好，地下水只需消毒处理，地表水经简易净化处理如过滤消毒后，即可供生活饮用。

《地下水质量标准》（GB/T 14848—1993）中的Ⅲ类地下水和《地表水环境质量标准》（GB 3838—2002）的Ⅱ类地表水属二级，二级水质受轻度污染，经常规净化处理（如絮凝、沉淀、过滤、消毒等）后，可供生活饮用。

《地下水质量标准》（GB/T 14848—1993）中的Ⅳ类地下水和《地表水环境质量标准》（GB 3838—2002）中的Ⅲ类地表水属三级，三级水质受明显污染，若限于条件需作为生活饮用水水源时，应采用相应的净化工艺进行处理，处理后的水质应符合规定并取得省市自治区卫生厅局及主管部门批准。

《地下水质量标准》（GB/T 14848—1993）中的Ⅳ类以下地下水及《地表水环境质量标准》（GB 3838—2002）中的Ⅲ类以下地表水，水质恶劣，不能作为饮用水水源。

2.2　农村饮用水安全标准

农村饮用水的供水方式分为集中式供水、二次供水、小型集中式供水、分散式供水四种。

（1）集中式供水。集中式供水是自水源集中取水，通过输配水管网送到用户或者公共取水点的供水方式，包括自建设施供水。为用户提供日常饮用水的供水站和为公共场所、居民社区提供的分质供水也属于集中式供水。

（2）二次供水。二次供水是集中式供水在入户之前经再度储存、加压和消毒或深度处理，通过管道或容器输送给用户的供水方式。

（3）小型集中式供水。小型集中式供水是日供水在1000m^3以下（或供水人口在1万以下）的农村集中式供水。

（4）分散式供水。分散式供水是用户直接从水源取水，未经任何设施或仅有简易设施的供水方式。

2004年11月24日，水利部和卫生部联合下发了《关于印发农村饮用水安全卫生评价体系的通知》（水农［2004］547号），通知将农村饮用水分安全和基本安全两个档次，由水质、水量、方便程度和保证率四项指标组成，只要有一项低于安全或基本安全，就不能定为安全饮用水或基本安全饮用水。

2.2.1　水质

2.2.1.1　安全饮用水水质标准

安全饮用水必须符合国家《生活饮用水卫生标准》（GB 5749—2006）的要求。其中，水质常规指标必须符合表2-3的要求，水质非常规指标必须符合表2-4的要求，集中式供水出厂水中消毒剂、出厂水和管网末梢水中消毒剂余量必须符合表2-5的要求。当饮用水中含有表2-6所列特殊指标时，其水中含量限值必须符合表2-6的要求。

表 2-3　安全饮用水常规指标及限值

指　标	限　值	
	集中式供水、二次供水	农村小型集中式供水、分散式供水
(1) 微生物指标		
总大肠菌群 (MPN/100mL 或 CFU/100mL)	不得检出	
耐热大肠菌群 (MPN/100mL 或 CFU/100mL)	不得检出	
大肠埃希氏菌 (MPN/100mL 或 CFU/100mL)	不得检出	
菌落总数/CFU · mL^{-1}	100	500
(2) 毒理指标		
砷/mg · L^{-1}	0.01	0.05
氟化物/mg · L^{-1}	1.0	1.2
硝酸盐 (以 N 计)/mg · L^{-1}	10；地下水源限制时为 20	20
(3) 感官性状和一般化学指标		
色度 (铂钴色度单位)	15	20
浑浊度 (NTU-散射浊度单位)	1；水源与净水技术条件限制时为 3	3；水源与净水技术条件限制时为 5
pH 值	不小于 6.5 且不大于 8.5	不小于 6.5 且不大于 9.5
铁/mg · L^{-1}	0.3	0.5
锰/mg · L^{-1}	0.1	0.3
氯化物/mg · L^{-1}	250	300
硫酸盐/mg · L^{-1}	250	300
溶解性总固体/mg · L^{-1}	1000	1500
总硬度 (以 $CaCO_3$ 计)/mg · L^{-1}	450	550
耗氧量 (COD_{Mn} 法，以 O_2 计)/mg · L^{-1}	3；水源限制，原水耗氧量 >6mg/L 时为 5	5

表 2-4　安全饮用水非常规指标及限值

指　标	限　值
(1) 微生物指标	
贾第鞭毛虫/个 · $10L^{-1}$	<1
隐孢子虫/个 · $10L^{-1}$	<1
(2) 毒理指标	
锑/mg · L^{-1}	0.005
钡/mg · L^{-1}	0.7

续表 2-4

指　　标	限　　值
铍/mg·L^{-1}	0.002
硼/mg·L^{-1}	0.5
钼/mg·L^{-1}	0.07
镍/mg·L^{-1}	0.02
银/mg·L^{-1}	0.05
铊/mg·L^{-1}	0.0001
氯化氰（以 CN-计）/mg·L^{-1}	0.07
一氯二溴甲烷/mg·L^{-1}	0.1
二氯一溴甲烷/mg·L^{-1}	0.06
二氯乙酸/mg·L^{-1}	0.05
1，2-二氯乙烷/mg·L^{-1}	0.03
二氯甲烷/mg·L^{-1}	0.02
三卤甲烷（三氯甲烷、一氯二溴甲烷、二氯一溴甲烷、三溴甲烷的总和）	该类化合物中各种化合物的实测浓度与其各自限制的比值之和不超过 1
1，1，1-三氯乙烷/mg·L^{-1}	2
三氯乙酸/mg·L^{-1}	0.1
三氯乙醛/mg·L^{-1}	0.01
2，4，6-三氯酚/mg·L^{-1}	0.2
三溴甲烷/mg·L^{-1}	0.1
七氯/mg·L^{-1}	0.0004
马拉硫磷/mg·L^{-1}	0.25
五氯酚/mg·L^{-1}	0.009
六六六/mg·L^{-1}	0.005
六氯苯/mg·L^{-1}	0.001
乐果/mg·L^{-1}	0.08
对硫磷/mg·L^{-1}	0.003
灭草松/mg·L^{-1}	0.3
甲基对硫磷/mg·L^{-1}	0.02
百菌清/mg·L^{-1}	0.01
呋喃丹/mg·L^{-1}	0.007
林丹/mg·L^{-1}	0.002
毒死蜱/mg·L^{-1}	0.03
草甘膦/mg·L^{-1}	0.7
敌敌畏/mg·L^{-1}	0.001
莠去津/mg·L^{-1}	0.002
溴氰菊酯/mg·L^{-1}	0.02
2，4-滴/mg·L^{-1}	0.03

续表 2-4

指　　标	限　　值
滴滴涕/mg·L^{-1}	0.001
乙苯/mg·L^{-1}	0.3
二甲苯/mg·L^{-1}	0.5
1，1-二氯乙烯/mg·L^{-1}	0.03
1，2-二氯乙烯/mg·L^{-1}	0.05
1，2-二氯苯/mg·L^{-1}	1
1，4-二氯苯/mg·L^{-1}	0.3
三氯乙烯/mg·L^{-1}	0.07
三氯苯（总量，mg/L）	0.02
六氯丁二烯/mg·L^{-1}	0.0006
丙烯酰胺/mg·L^{-1}	0.0005
四氯乙烯/mg·L^{-1}	0.04
甲苯/mg·L^{-1}	0.7
邻苯二甲酸二（2-乙基己基）酯/mg·L^{-1}	0.008
环氧氯丙烷/mg·L^{-1}	0.0004
苯/mg·L^{-1}	0.01
苯乙烯/mg·L^{-1}	0.02
苯并（α）芘/mg·L^{-1}	0.00001
氯乙烯/mg·L^{-1}	0.005
氯苯/mg·L^{-1}	0.3
微囊藻毒素-LR/mg·L^{-1}	0.001
（3）感官性状和一般化学指标	
氨氮（以 N 计）/mg·L^{-1}	0.5
硫化物/mg·L^{-1}	0.02
钠/mg·L^{-1}	200

表 2-5　安全饮用水消毒剂常规指标及要求

消毒剂名称	与水接触时间	出厂水中限值	出厂水中余量	管网末梢水中余量
氯气及游离氯制剂（游离氯）/mg·L^{-1}	至少 30min	4	≥0.3	≥0.05
一氯胺（总氯）/mg·L^{-1}	至少 120min	3	≥0.5	≥0.05
臭氧（O_3）/mg·L^{-1}	至少 12min	0.3		0.02；如加氯，总氯≥0.05
二氧化氯（ClO_2）/mg·L^{-1}	至少 30min	0.8	≥0.1	≥0.02

表 2-6 安全饮用水特殊指标及要求

指 标	限 值
肠球菌（CFU/100mL）	0
产气荚膜梭状芽孢杆菌（CFU/100mL）	0
二（2-乙基己基）己二酸酯/mg·L^{-1}	0.4
二溴乙烯/mg·L^{-1}	0.00005
二恶英（2，3，7，8-TCDD）/mg·L^{-1}	0.00000003
土臭素（二甲基萘烷醇）/mg·L^{-1}	0.00001
五氯丙烷/mg·L^{-1}	0.03
双酚/mg·L^{-1}	0.01
丙烯腈/mg·L^{-1}	0.1
丙烯酸/mg·L^{-1}	0.5
丙烯醛/mg·L^{-1}	0.1
四乙基铅/mg·L^{-1}	0.0001
戊二醛/mg·L^{-1}	0.07
甲基异莰醇-2/mg·L^{-1}	0.00001
石油类（总量）/mg·L^{-1}	0.3
石棉（10mm，万/L）	700
亚硝酸盐/mg·L^{-1}	1
多环芳烃（总量）/mg·L^{-1}	0.002
多氯联苯（总量）/mg·L^{-1}	0.0005
邻苯二甲酸二乙酯/mg·L^{-1}	0.3
邻苯二甲酸二丁酯/mg·L^{-1}	0.003
环烷酸/mg·L^{-1}	1.0
苯甲醚/mg·L^{-1}	0.05
总有机碳（TOC）/mg·L^{-1}	5
萘酚-b/mg·L^{-1}	0.4
黄原酸丁酯/mg·L^{-1}	0.001
氯化乙基汞/mg·L^{-1}	0.0001
硝基苯/mg·L^{-1}	0.017
镭 226 和镭 228（pCi）/L	5
氡（pCi）/L	300

2.2.1.2 基本安全饮用水水质标准

基本安全饮用水水质标准见表 2-7。

表 2-7 基本安全饮用水水质标准

<table>
<tr><th colspan="2" rowspan="2">指　　标</th><th colspan="2">限　　值</th></tr>
<tr><th>一般地区</th><th>特殊地区</th></tr>
<tr><td colspan="4">感官性状和一般化学指标</td></tr>
<tr><td colspan="2">色度/度</td><td>20</td><td>30</td></tr>
<tr><td colspan="2">浑浊度/NTU</td><td>10</td><td>20</td></tr>
<tr><td colspan="2">肉眼可见物</td><td>不得含有</td><td>不得含有</td></tr>
<tr><td colspan="2">pH 值</td><td>6~9</td><td>6~9</td></tr>
<tr><td colspan="2">总硬度（以碳酸钙计）/mg · L^{-1}</td><td>550</td><td>700</td></tr>
<tr><td colspan="2">铁/mg · L^{-1}</td><td>0.5</td><td>1.0</td></tr>
<tr><td colspan="2">锰/mg · L^{-1}</td><td>0.3</td><td>0.5</td></tr>
<tr><td colspan="2">氯化物/mg · L^{-1}</td><td>300</td><td>450</td></tr>
<tr><td colspan="2">硫酸盐/mg · L^{-1}</td><td>300</td><td>400</td></tr>
<tr><td colspan="2">溶解性总固体/mg · L^{-1}</td><td>1500</td><td>2000</td></tr>
<tr><td colspan="2">耗氧量（COD_{Mn}，以 O_2 计）/mg · L^{-1}</td><td>3</td><td>5</td></tr>
<tr><td colspan="4">毒理学指标</td></tr>
<tr><td colspan="2">氟化物/mg · L^{-1}</td><td>1.2</td><td>1.5</td></tr>
<tr><td colspan="2">砷/mg · L^{-1}</td><td>0.05</td><td>0.05</td></tr>
<tr><td colspan="2">汞/mg · L^{-1}</td><td>0.001</td><td>0.001</td></tr>
<tr><td colspan="2">镉/mg · L^{-1}</td><td>0.01</td><td>0.01</td></tr>
<tr><td colspan="2">铬/mg · L^{-1}</td><td>0.05</td><td>0.05</td></tr>
<tr><td colspan="2">铅/mg · L^{-1}</td><td>0.05</td><td>0.05</td></tr>
<tr><td colspan="2">硝酸盐/mg · L^{-1}</td><td>20</td><td>20</td></tr>
<tr><td colspan="4">细菌学指标</td></tr>
<tr><td colspan="2">细菌总数/个 · mL^{-1}</td><td>200</td><td>500</td></tr>
<tr><td colspan="2">总大肠菌群/个 · L^{-1}</td><td>11</td><td>27</td></tr>
<tr><td rowspan="2">游离余氯/mg · L^{-1}
（接触 30min 后）</td><td>出厂水</td><td>不低于 0.3</td><td>不低于 0.3</td></tr>
<tr><td>末梢水</td><td>不低于 0.05</td><td>不低于 0.05</td></tr>
</table>

2.2.2 水量

农村生活用水包括居民的餐饮用水、洗涤用水、散养畜禽用水等日常用水。每人每天可获得的水量不低于 40~60L 为安全；不低于 20~40L 为基本安全。根据气候特点、地形、水资源条件和生活习惯，将全国分为 5 个类型区，不同地区的具体水量标准可参照表 2-8 确定。

表 2-8 不同地区农村生活用水量评价指标 (升/(人·天)$^{-1}$)

分区	一区	二区	三区	四区	五区
安全	40	45	50	55	60
基本安全	20	25	30	35	40

注：一区包括：新疆，西藏，青海，甘肃，宁夏，内蒙古西北部，陕西，山西黄土高原丘陵沟壑区，四川西部。

二区包括：黑龙江，吉林，辽宁，内蒙古西北部以外地区，河北北部。

三区包括：北京，天津，山东，河南，河北北部以外地区，陕西关中平原地区，山西黄土高原丘陵沟壑区以外地区，安徽、江苏北部。

四区包括：重庆，贵州，云南南部以外地区，四川西部以外地区，广西西北部，湖北、湖南西部地区，陕西南部。

五区包括：上海，浙江，福建，江西，广东，海南，安徽，江苏北部以外地区，广西西北部以外地区，湖北、湖南西部地区以外地区，云南南部。

本表不包括香港、澳门和台湾。

2.2.3 方便程度

供水到户或人力取水往返时间不超过 10min 为安全；人力取水往返时间不超过 20min 为基本安全。人力取水往返 20min，大体相当于水平距离 800m、或垂直高差 80m 的情况。

2.2.4 保证率

供水水源保证率不低于 95% 为安全；不低于 90% 为基本安全。水源保证率不低于 90%，是指在十年一遇的干旱年，供水水源水量能满足基本生活用水量要求。

2.3 农村饮用水水源地选址要求

《农村饮用水水源地环境保护技术指南》（HJ 2032—2013）对农村饮用水水源地选址要求进行了详细的规定。

2.3.1 饮用水水源地水质水量要求

新建、改建、扩建水源地，至少进行丰、枯两个季节的水质、水量监测。水质需满足《地表水环境质量标准》（GB 3838—2002）或《地下水环境质量标准》（GB 14848—1993）中Ⅲ类水质的规定，若无净化措施，则需满足《生活饮用水卫生标准》（GB 5749—2006）的要求。水量不低于近、中期需水量的 95%。

当地表和地下水源水质水量均符合要求时，应优先考虑地下水源。

2.3.2 饮用水水源地选址技术

有条件的山区农村应尽量选择山泉水或地势较高的水库为水源，可以靠重力供水；平原地区农村一般选用地下水作为水源，并尽可能适度集中，以便于水源的卫生防护、取水设施工程建设及实施环境管理。

地下水源应选择防污性好的地带，并按照地下水流向，在污染源及镇（乡）村的上游地区建设并应尽量靠近主要用水地区。

连片供水水源优先选择深层地下水，取水深度可根据当地地质结构确定。

设置于村前房后的单户或多户水源井，可将地下潜水作为水源。打井深度应根据当地水文地质条件确定，取水水量应满足正常用水需求，水质应满足饮用水水质要求。

2.4 集中式供水单位卫生要求

《生活饮用水集中式供水单位卫生规范》（2001 年）对集中式供水单位卫生要求进行了规定。

集中式供水单位是从事集中式供水的企业，或者由企业、事业或居民社区兴办的集中式供水工程管理单位。

2.4.1 生活饮用水生产的卫生要求

（1）遵守有关生活饮用水卫生管理的法律、法规、标准和技术规范。

（2）建立健全生活饮用水卫生管理规章制度。

（3）有分管领导和专职或兼职工作人员管理生活饮用水卫生工作。

（4）在新建、改建、扩建集中式供水工程时，集中式供水单位需向当地卫生行政部门申请进行预防性卫生监督。给水工程设计应符合有关国家给水设计规范和标准。

（5）配备的水净化处理设备、设施应满足净水工艺要求。

（6）集中式供水单位应具有持续消毒设施，并保证能正常运转。

（7）生活饮用水输水、储水和配水等设施应密封，不应与排水设施及非生活饮用水的管网相连接。

（8）使用的涉及饮用水卫生安全产品应符合卫生安全的有关规定和产品质量标准；这些产品应具有省级以上卫生行政部门颁发的卫生许可批准文件。

在购入涉及饮用水卫生安全的产品时，应索取该产品的卫生许可批准文件，并进行验收。经验收合格后方可入库待用，并按品种、批次分类储存于原料库，避免混杂，防止污染。

（9）自建生活饮用水供水系统，未经当地供水主管部门、卫生行政部门同

意，不应与当地公共供水系统连接。

（10）对取水、输水、净水、储水和配水等设施加强质量管理，建立放水、清洗、消毒、检修与检验的制度及操作规程，保证供水水质。

（11）各类储水设备要定期清洗和消毒；管网末梢应定期放水清洗，防止水质污染。

（12）新建水处理设备、设施、管网等在投产前，或修复后，应严格冲洗、消毒，经水质检验合格后方可正式通水。

（13）水处理剂和消毒剂的投加和储存间应通风良好，有防腐蚀、防潮设备。应备有安全防范和处理事故的应急处理设施，并有防止二次污染的措施。

（14）不得将未经处理的污泥水直接排入生活饮用水水源的地表水一级保护区水域中。

（15）应划定生产区的范围。生产区外围30m范围内应保持良好的卫生状况。不应设置生活居住区；不应修建渗水厕所和渗水坑；不应堆放垃圾、粪便、废渣；不应铺设污水渠道。该区域内如种有树木花草或农作物，不应喷洒有毒害农药。

（16）单独设立的泵站、沉淀池和清水池的外围30m的范围内，其卫生要求与（15）的要求相同。

（17）针对取水、输水、净水、储水和配水等可能发生污染的环节，制订和落实防范措施，加强检查，严防污染事件发生。

2.4.2 水质监测与检验要求

为保证饮用水安全，需及时、准确掌握水质监测检验资料，以便了解情况，采取合理措施；在供水的最后环节，应经监测和检验证明供水能保证安全时才可向居民供水。

（1）对水源水、出厂水、管网末梢和居民取水点的取样点布置、采样频率、检验指标选择、合格率计算以及评价方法按供水主管部门的有关规定、标准进行。

（2）水源水、出厂水和管网末梢水的水质监测点数量和布局、监测指标选择，监测频率由当地县级以上供水行政主管部门和卫生行政部门协商确定。

（3）具有与供水规模相适应的水质检验功能，配备相适应的检验人员和仪器设备。

（4）根据本单位实际情况自行确定运行监测的指标和频率，进行有效地运行监测以调节处理技术，以控制制水过程中的水质。

（5）水质检验需按照国家标准《生活饮用水标准检验方法》（GB/T 5750—2006）进行；对于《生活饮用水标准检验方法》（GB/T 5750—2006）中不含有

的检验项目，其检验方法可参考同类国家标准方法。

有条件的集中式供水单位应优先采用在线自动监测。

小型集中式供水单位，在保证方法具有符合要求的灵敏度和准确度前提下，可采用简易检验方法或者速测箱方法。

（6）部分不具备水质检验能力的指标，可委托经计量认证合格的检验机构进行检验。

（7）监测资料及其月报、年报、突发污染事件应急报告等应报送当地卫生行政部门。

2.4.3 直接从事供管水人员卫生要求

（1）直接从事供、管水的人员必须每年进行一次健康检查。取得体检合格证后方可上岗工作。凡患有痢疾、伤寒、病毒性肝炎、活动性肺结核、化脓性或渗出性皮肤病及其他有碍生活饮用水卫生的疾病或病源携带者，不应直接从事供、管水工作。

（2）直接从事供、管水的人员，上岗前须进行卫生知识培训，上岗后每年进行一次卫生知识培训，未经卫生知识培训或培训不合格者不应上岗工作。

（3）从业人员应当保持良好的个人卫生习惯和行为。不应在生产场所吸烟，不应进行有碍生活饮用水卫生的活动。

2.5 村镇供水单位水质要求

《村镇供水单位资质标准》（SL 308—2004）对村镇供水单位水质要求进行了规定。

村镇供水单位按实际日供水量可分为五类，见表 2-9。

表 2-9 村镇供水单位分类表

单位类别	Ⅰ	Ⅱ	Ⅲ	Ⅳ	Ⅴ
实际日供水量 $Q/m^3 \cdot d^{-1}$	$Q>10000$	$10000 \geqslant Q \geqslant 5000$	$5000 \geqslant Q > 1000$	$1000 \geqslant Q \geqslant 200$	$Q<200$

2.5.1 水源水质要求

地表水水源水质应符合《地表水环境质量标准》GB 3838—2002 的有关规定，地下水水源水质应符合 GB/T 14848—1993 的有关规定。水源水质不能满足上述规定时，应采用相应的净化工艺进行处理。处理后的水质应符合有关标准的规定，并取得当地卫生行政主管部门的批准。

2.5.2 供水水质要求

Ⅰ、Ⅱ、Ⅲ类供水单位的供水水质，应符合 GB 5749—2006 的要求；Ⅳ、Ⅴ类供

水单位的供水水质应符合《农村实施“生活饮用水卫生标准”准则》的要求。

供水单位应采取措施对饮用水进行消毒，并达到以下要求：

（1）采用氯消毒时，消毒剂应与水接触30min后出厂。出厂水中余氯不应低于0.3mg/L；管网末梢水余氯不应低于0.05mg/L。

（2）采用氯胺消毒时，消毒剂应与水接触120min后出厂。出厂水总氯不应低于0.6mg/L；管网末梢水总氯不应低于0.05mg/L。

（3）采用二氧化氯消毒时，消毒剂应与水接触30min后出厂。出厂水二氧化氯余量不应低于0.1mg/L；管网末梢水二氧化氯余量不应低于0.02mg/L，亚氯酸盐不超过0.8mg/L。

（4）采用其他消毒措施时，应检验相应的消毒控制指标，保证消毒效果。

2.5.3 供水水压要求

（1）一般情况下，供水干线末端压力不宜低于0.12MPa。

（2）经济发达、规模较大的社区，供水干线水压宜为0.28MPa。

（3）边远或条件较差的地区，服务于用户的压力不应低于0.05MPa。

2.6 二次供水及设施卫生要求

《二次供水设施卫生规范》（GB 17051—1997）对二次供水及设施的卫生要求进行了规定。

二次供水设施，是指集中式供水在入户之前经再度储存、加压和消毒或深度处理，通过管道输送给用户，来保证正常供水的设备及管线。

2.6.1 水质卫生标准

2.6.1.1 水质指标

A 必测项目

必测项目包括：色度、浊度、臭和味、肉眼可见物、pH值、耗氧量（以O_2计）、铁、氨氮、亚硝酸盐氮、总大肠菌群、耐热大肠菌群、菌落总数和游离余氯（加氯与使用氯制剂时测定）。

B 选测项目

根据二次供水设施所用材质和消毒、处理方法选测，项目包括：挥发酚类（以苯酚计）、砷、六价铬、锰、镍、铅、二氧化氯、臭氧、亚氯酸盐、三氯甲烷、四氯化碳、氯酸盐（仅用于复合二氧化氯消毒）、溴酸盐（仅用于臭氧消毒）、甲醛（仅用于臭氧消毒）。

2.6.1.2 消毒剂的余量

选用二氧化氯消毒时，二氧化氯应不小于0.02mg/L；选用加氯消毒时，游离余氯应不小于 0.05mg/L；选用臭氧消毒时，臭氧不小于 0.02mg/L。

2.6.1.3　消毒剂的限量

选用液氯或氯制剂时，游离氯的量为与水接触 30min 后不大于 4mg/L；选用氯胺时，有效氯的量与水接触 120min 后不大于 3mg/L；选用臭氧时，臭氧的量与水接触 12min 后不大于 0.3mg/L；选用二氧化氯时，二氧化氯的量与水接触 30min 后不大于 0.8mg/L。

2.6.1.4　紫外线强度

选用紫外线消毒时，紫外线强度应不小于 $70\mu W/cm^2$。

2.6.1.5　其他指标

氨氮、亚硝酸盐、耗氧量采用最高容许增加值（见表 2-10），但其浓度不能超过 GB 5749—2006 的限值，其他项目的限值应符合 GB 5749—2006 的要求。

表 2-10　氨氮、亚硝酸盐氮、耗氧量最高允许增加量

项　　目	最高容许增加量/$mg \cdot L^{-1}$
氨氮	≤0.1
亚硝酸盐（以 N 计）	≤0.02
耗氧量（以 O_2 计）	≤1.0

2.6.2　设施卫生要求

（1）二次供水使用的水箱、变频供水设备、输配水设备、水处理设备材质及防护涂料等不应污染生活饮用水，并符合 GB/T 17219—1998 的要求。

（2）处理生活饮用水使用的化学处理剂不应污染生活饮用水，并符合 GB/T 17218—1998 要求。

（3）与二次供水设备配套使用的水质处理设备应符合《生活饮用水水质处理器卫生安全与功能性评价规范》（2001）和《生活饮用水消毒剂和消毒设备卫生安全评价规范》（试行）的要求。

（4）设施内应清洁卫生，不应存在有碍供水卫生的杂物。

（5）设施周围应保持环境整洁，便于清洗消毒，应有良好的排水条件，设施应运转正常。

2.7　饮用水化学处理剂卫生安全性要求

《饮用水化学处理剂卫生安全性评价》（GB/T 17218—1998）对饮用水化学

处理剂的卫生安全性要求进行了规定。

用于混凝、絮凝、消毒、氧化、pH 值调节、软化、灭藻、除氟、氟化等用途的饮用水化学处理剂必须符合一定的卫生安全性要求。

2.7.1 感官指标要求

饮用水化学处理剂在规定的投加量使用时，处理后水的一般感官指标应符合 GB5749—2006 的要求。

2.7.2 有毒物质指标要求

（1）饮用水中的有毒物质分为四类：1）金属（砷、硒、汞、镉、铬、铅、银）；2）无机物；3）有机物；4）放射性物质（总 α 放射性和总 β 放射性）。

（2）饮用水化学处理剂带入饮用水中的有毒物质是《生活饮用水卫生标准》GB5749—2006 中规定的物质时，该物质的容许限值不得大于相应规定限值的 10%。

（3）饮用水化学处理剂带入饮用水中的有毒物质在《生活饮用水卫生标准》GB5749—2006 中未做规定时，可参考国内外相关标准判定，其容许限值不得大于相应限值的 10%。

（4）如果饮用水化学处理剂带入饮用水中的有毒物质无依据可确定容许限值时，必须按本章 2.7.4 确定该物质在饮用水中最高容许浓度，其容许限值不得大于该容许浓度的 10%。

2.7.3 饮用水化学处理剂的评价剂量和可能含有的杂质

饮用水化学处理剂的评价剂量和可能含有的杂质，见表 2-11。

表 2-11 饮用水化学处理剂的评价剂量和可能含有的杂质

化学名称	别名	用途	评价剂量/$mg \cdot L^{-1}$	可能含有的杂质
聚合氯化铝 $Al_2(OH)_xCl_y \cdot nH_2O$	碱式氯化铝、羟基氯化铝	混凝	25.0（以 Al 表示）	标准中规定的金属①
硫酸铁		混凝	28.0（以 Fe 表示）	标准中规定的金属①
氟化钠		氟化	1.0（以 F-表示）	标准中规定的金属①
氟硅酸钠		氟化	1.0（以 F-表示）	标准中规定的金属①
硫酸铜	五水硫酸铜、胆矾、蓝矾	灭藻	1.0（以 Cu 表示）	标准中规定的金属①
次氯酸钠		消毒、氧化	30（以 Cl_2 表示）	标准中规定的金属①
次氯酸钙		消毒、氧化	30（以 Cl_2 表示）	标准中规定的金属①
高锰酸钾	灰锰养	消毒、氧化	15	标准中规定的金属①

续表 2-11

化学名称	别名	用途	评价剂量/mg·L^{-1}	可能含有的杂质
氯	氯气	消毒、氧化	30	汞、可吹除的卤化碳
阳离子聚丙烯酰胺		（聚电解质）	1.0（以活性聚合物表示）	丙烯酰胺
氢氧化钠	苛性钠	pH 值调节	100	汞
碳酸钙	碱面	pH 值调节	100	铬、铅
氧化钙	石灰、生石灰	pH 值调节	500	标准中规定的金属①、氟化物、放射性核素②
氢氧化钙	熟石灰、消石灰	pH 值调节	650	标准中规定的金属①、氟化物、放射性核素②
碳酸钙	石灰石	pH 值调节		标准中规定的金属①、放射性核素②
氧化镁		pH 值调节	500	砷、铅、放射性核素②
硫酸	浓硫酸	pH 值调节	50	砷、铅、硒
盐酸	氢氯酸	pH 值调节	40	砷（其他物质随来源变化）
水解聚丙烯酰胺		（聚电解质）混凝	1.0（以活性聚合物表示）	丙烯酰胺

① 本标准中规定的金属：砷、镉、铬、汞、铅、银、硒；

② 直接使用矿物原料的产品应考虑可能的放射性核素污染。

2.7.4 饮用水中有毒物质最高容许浓度的确定方法

2.7.4.1 水平Ⅰ：有毒物质在饮用水中的浓度小于 10μg/L

（1）进行以下遗传毒性试验各一项：基因突变试验（Ames 试验）和哺乳动物细胞染色体畸变试验（体外哺乳动物细胞染色体畸变试验，小鼠骨髓细胞染色体畸变试验和小鼠骨髓细胞微核试验）。

（2）如果上述两项试验均为阴性，则该产品可投入使用。

（3）如果上述两项试验均为阳性，则该产品不能投入使用，或者进行慢性（致癌）试验，以作进一步评价。

（4）如果上述两项试验中有一项为阳性，则需选用另外两项遗传毒理学试验作为补充研究。如果两项均为阴性，则该产品可投入使用，如有一项为阳性，则不能投入使用，或者进行致癌试验，以作进一步评价。

2.7.4.2 水平Ⅱ：有毒物质在饮用水中的浓度在 10~50μg/L 之间

（1）进行 2.7.4.1 节的全部试验和大鼠 90d 经口毒性试验。

（2）同2.7.4.1节中的（2）、（3）、（4）。

（3）通过大鼠90d经口毒性试验，确定有毒物质在饮用水中的最高容许浓度（根据阈下剂量，安全系数可选用1000）。

2.7.4.3 水平Ⅲ：有毒物质在饮用水中的浓度在50~1000μg/L之间

（1）进行2.7.4.2的全部试验和大鼠致畸试验。

（2）同2.7.4.1中的（2）、（3）、（4）。

（3）通过大鼠90d经口毒性试验和致畸试验，确定有毒物质在饮用水中的最高容许浓度（大鼠90d经口毒性试验：根据阈下剂量，安全系数可选用1000；致畸试验：根据阈下剂量，安全系数可选用100~1000）。

2.7.4.4 水平Ⅳ：有毒物质在饮用水中的浓度≥1000μg/L

（1）进行2.7.4.3的全部试验和慢性毒性试验。

（2）同2.7.4.1中的（2）、（3）、（4）。

（3）通过大鼠90d经口毒性试验、大鼠致畸试验和慢性毒性试验，确定有毒物质在饮用水中的最高容许浓度（慢性毒性试验：根据阈下剂量，安全系数可选用100）。

2.8 生活饮用水输配水设备及防护材料安全性要求

2001年卫生部颁布的《生活饮用水输配水设备及防护材料卫生安全评价规范》对生活饮用水输配水设备及防护材料的安全性要求进行了规定。

生活饮用水输配水设备是指与生活饮用水接触的输配水管、蓄水容器、供水设备、机械部件（如阀门、水泵、水处理剂加入器等）；防护材料是指与生活饮用水接触的涂料、内衬等。

本节内容也包括了与饮用水接触的水处理材料（如水质处理器滤芯、膜组件、活性炭等）的卫生安全等要求。

2.8.1 出水水质要求

凡与饮用水接触的输配水设备、水处理材料和防护材料不得污染水质，出水水质必须符合《生活饮用水水质卫生规范》（2001年）的要求。

2.8.2 浸泡水卫生要求

生活饮用水输配水设备、水处理材料和防护材料进行浸泡试验，浸泡水必须符合表2-12和表2-13的规定。

表 2-12　浸泡试验基本项目的卫生要求

项　　目	卫 生 要 求
色度	增加量≤5 度
浑浊度	增加量≤0.2NTU
臭和味	浸泡后水无异臭、异味
肉眼可见物	浸泡后水不产生任何肉眼可见的碎片杂物等
pH 值	变量≤0.5
溶解性总固体	增加量≤10mg/L
耗氧量	增加量≤1（以 O_2计）$mg \cdot L^{-1}$
砷	增加量≤0.005mg/L
镉	增加量≤0.0005mg/L
铬	增加量≤0.005mg/L
铝	增加量≤0.02mg/L
铅	增加量≤0.001mg/L
汞	增加量≤0.0002mg/L
三氯甲烷	增加量≤0.006mg/L
挥发酚类	增加量≤0.002mg/L

表 2-13　浸泡试验增测项目的卫生要求

项　　目	卫 生 要 求
铁	增加量≤0.06mg/L
锰	增加量≤0.02mg/L
铜	增加量≤0.2mg/L
锌	增加量≤0.2mg/L
钡	增加量≤0.05mg/L
镍	增加量≤0.002mg/L
锑	增加量≤0.0005mg/L
四氯化碳	增加量≤0.0002mg/L
邻苯二甲酸酯类	增加量≤0.01mg/L
银	增加量≤0.005mg/L
锡	增加量≤0.002mg/L
氯乙烯	材料中含量≤1.0mg/kg
苯乙烯	增加量≤0.1mg/L
环氧氯丙烷	增加量≤0.002mg/L
甲醛	增加量≤0.05mg/L
丙烯腈	材料中含量≤11mg/kg
总 α 放射性	不得增加（不超过测量偏差的 3 个标志差）
总 β 放射性	不得增加（不超过测量偏差的 3 个标志差）
苯	增加量≤0.001mg/L
总有机碳（TOC）	增加量≤1mg/L
受试产品在水中可能溶出的其他成分	根据国内外相关标准判定项目及限值，无相关标准可依的，按 2.7.4.1 节进行毒理学试验确定限值。毒理学指标应不大于限值的十分之一

2.8.3 防护涂料浸泡水的毒理学安全性要求

防护涂料浸泡水必须符合以下两点要求：

（1）急性经口毒性（LD_{50}）不得小于 10g/kg 体重。

（2）两项致突变试验：Ames 试验和哺乳动物细胞染色体畸变试验均应为阴性。

输配水设备防护材料和水处理材料浸泡水的增测项目分别按表 2-14 ~ 表 2-16 选取。

表 2-14 生活饮用水输配水设备浸泡试验增测检验项目

类别	材质名称	铁	锰	铜	锌	钡	镍	锑	四氯化碳	锡	聚合物单体和添加剂②	总有机碳①	总α 总β	GC/MS鉴定①	ICP鉴定①	其他
金属	不锈钢、铜、镀锌钢材、铸铁等	○	○	○	○		○								○	根据具体条件和需要确定
塑料	聚乙烯、聚丙烯、聚苯乙烯、聚碳酸酯、聚酰胺、聚氯乙烯、工程塑料等					○		○	○	○	○	○		○	○	
橡胶	硅橡胶等										○	○		○	○	
复合材料	玻璃钢、铝塑复合管等								○		○	○		○	○	
硅酸盐类	陶瓷、水泥等	○	○	○	○								○		○	
新材料		○	○	○	○	○	○	○	○	○	○	○	○	○	○	

① 选测项目；

② 为有毒害作用的单体、添加剂，如氯乙烯、苯乙烯、环氧氯丙烷、醛类、邻苯二甲酸酯等可根据具体聚合物类别选项测定，也可以增加新项目。

表 2-15　与饮用水接触的防护材料浸泡试验增测检验项目

品名	铁	锌	氟化物	四氯化碳	甲醛	环氧氯丙烷	苯乙烯	苯	总有机碳①	GC/MS鉴定①	ICP鉴定①	其他
漆酚	○	○		○	○			○	○	○	○	根据具体条件和需要确定
聚酰胺环氧树脂				○		○	○		○	○	○	
有机硅			○	○					○	○	○	
聚四氟乙烯			○	○					○	○	○	
环氧酚醛				○	○	○	○	○	○	○	○	
水基改性环氧树脂				○	○	○	○		○	○	○	
脱模涂料				○	○			○	○	○	○	
其他				○					○	○	○	
新化学物质	○	○	○	○	○	○	○	○	○	○	○	

① 选测项目。

表 2-16　与饮用水接触的水处理材料浸泡试验增测检测项目

品名	铁	锰	铜	锌	银	氟化物	硝酸盐氮	四氯化碳	总有机碳①	GC/MS鉴定①	总α 总β	ICP鉴定①	其他
聚丙烯微滤芯	○	○	○	○	○	○	○	○	○				根据具体条件和需要确定
中空纤维超滤膜	○	○	○	○	○	○	○	○	○				
反渗透膜	○	○	○	○	○	○	○	○	○				
粉末活性炭	○	○	○	○	○	○	○	○	○	○			
颗粒活性炭	○	○	○	○	○	○	○	○	○	○			
骨炭	○	○	○	○	○	○	○	○	○	○			
锰砂	○	○	○	○	○	○	○	○	○				
活性氧化铝	○	○	○	○	○								
分子筛	○	○	○	○	○								
硅藻土	○	○	○	○	○	○	○						
离子交换树脂	○	○	○	○	○	○	○			○			
麦饭石	○	○	○	○	○	○	○				○	○	
天青石	○	○	○	○	○	○	○				○	○	
其他	○	○	○	○	○	○	○				○	○	
新材料	○	○	○	○	○	○	○			○	○	○	

① 选测项目。

2.9 生活饮用水消毒剂和消毒设备卫生安全性要求

《生活饮用水消毒剂和消毒设备卫生安全评价规范》（试行）对生活饮用水消毒剂和消毒设备的卫生安全性要求进行了规定。

本节所涉及的消毒剂，是指杀灭生活饮用水中微生物的化学处理剂；消毒设备，是指产生生活饮用水消毒剂或消毒作用的设备；消毒副产物，是指消毒剂或消毒设备使用后在消毒生活饮用水过程中产生的副产物；新产品，是指依据新原理、新有效成分生产的消毒剂和消毒设备，以及消毒剂的新剂型和新复配制剂。

2.9.1 消毒效果要求

所有消毒剂和消毒设备按说明书规定的使用方法，对表2-17所列项目进行检验，检验结果应达到生活饮用水消毒目的；各项微生物指标均符合现行《生活饮用水水质卫生规范》(2001)的要求。

消毒设备运转正常后，取水样进行消毒效果检验。消毒剂发生器运转正常后，在出口处采集样品，按说明书规定的有效剂量稀释后，进行消毒效果检验。消毒剂按产品使用说明书稀释配制水样。

表2-17 消毒效果检验项目

项目名称	电解法消毒处理器	紫外线消毒处理器	二氧化氯发生器		臭氧发生器	次氯酸钠发生器	消毒剂	新产品新技术新材料
			氯酸盐法	亚氯酸盐法				
总大肠菌群	√	√	√	√	√	√	√	√
水中游离余氯	△					△	△	△
二氧化氯			√	√			△	△
紫外线强度		△						△
臭氧					√		△	△
游离氯			√			√	△	△
其他（有效消毒成分）	△	△	△	△	△	△	△	△

注：“√”表示必测项目；“△”表示如含有，需测定。

2.9.2 消毒过程残留物要求

(1) 消毒剂和消毒设备在消毒过程中余留在生活饮用水中的消毒剂残留物、由原料和工艺过程中带入的杂质含量不应超过现行《生活饮用水水质卫生规范》(2001)限值要求；消毒过程中产生的消毒副产物浓度不应超过现行《生活饮用水水质卫生规范》(2001)限值要求。

（2）消毒剂及其原料副产物和消毒设备使用后水中可能带入现行《生活饮用水水质卫生规范》（2001）未予规定的有害物质时，该有害物质在生活饮用水中的限值可参考国内外相关标准判定，且该有害物质增加量不应超过相关标准限值的 10%。

如果上述有害物质没有可参考相关标准时，应按毒理学安全性评价程序进行试验以确定物质在饮用水中最高容许浓度。容许增加值为最高容许浓度值的 10%。

2.9.3 消毒剂卫生要求

按表 2-18 生活饮用水消毒剂评价剂量，计算处理后生活饮用水中金属离子、无机物和有机物增加量，增加量不应超过现行《生活饮用水水质卫生规范》（2001）中规定限值的 10%；总 α 放射性和总 β 放射性不应增加。

表 2-18 生活饮用水消毒剂评价剂量

产品名称	化学名称或分子式	用途	评价剂量/$mg \cdot L^{-1}$	可能含有的杂质
液氯 相关化学药剂： 氨 氢氧化铵 硫酸铵	Cl_2 NH_3 NH_4OH $(NH_4)_2SO_4$	消毒、氧化 氯氨消毒 氯氨消毒 氯氨消毒	10（以 Cl_2 表示） 5 10 25	汞、卤代烃、砷、镉、铬、铅、银、汞
漂白粉	$Ca(OCl)Cl$	消毒、氧化	10 （以 Cl_2 表示）	砷、镉、铬、铅、银、汞
次氯酸钙	$Ca(OCl)_2$	消毒、氧化		砷、镉、铬、铅、银、汞
次氯酸钠	NaOCl	消毒、氧化		砷、镉、铬、铅、银、汞
二氧化氯 相关原料： 硫酸 盐酸 亚氯酸钠 氯酸钠	ClO_2 H_2SO_4 HCl $NaClO_2$ $NaClO_3$	消毒、氧化 活化剂 活化剂 原料 原料	 50 40 7 8	亚氯酸钠 砷、镉、铬、铅、银、汞
二氯异氰尿酸钠 （又名优氯净）	$(CN)_3O_3Cl_2Na$	紧急情况下小量饮用水消毒	10 （以 Cl_2 表示）	砷、镉、铬、铅、银、汞
三氯异氰尿酸	$(CN)_3O_3Cl_3$	消毒		砷、镉、铬、铅、银、汞
氯氨 T	$CH_3C_6H_4SO_2NaCl$	紧急情况下小量饮用水消毒		砷、镉、铬、铅、银、汞
清水龙 （又名哈拉宗） （halazone）	$COOHC_6H_4SO_2NCl_2$ 二氯胺对羧基苯磺酸	紧急情况下小量饮用水消毒		砷、镉、铬、铅、银、汞

续表 2-18

产品名称	化学名称或分子式	用途	评价剂量/mg · L^{-1}	可能含有的杂质
高锰酸钾	$KMnO_4$	消毒、氧化	15	砷、镉、铬、铅、银、汞
过氧化氢	H_2O_2	消毒、氧化	3	砷、镉、铬、铅、银、汞
新产品		消毒	通常最大使用剂量的 5 倍	砷、镉、铬、铅、银、汞和其他有害物质

2.9.4　消毒设备卫生要求

根据说明书规定的使用方法，按表 2-18 生活饮用水消毒剂评价剂量计算处理后生活饮用水中金属离子增加量、无机物增加量和有机物增加量不应超过现行《生活饮用水水质卫生规范》(2001) 中规定限值的 10%；总 α 放射性和总 β 放射性不应增加。

取消毒后的水样，对表 2-19 所列项目进行检验，结果应符合现行《生活饮用水水质卫生规范》(2001) 要求。

消毒设备中与生活饮用水接触部分的浸泡试验应符合现行《生活饮用水输配水设备及防护材料卫生安全评价规范》(2001) 要求。

表 2-19　总体性能试验的检验项目

项目名称	电解法消毒处理器	紫外线消毒处理器	二氧化氯发生器		臭氧发生器	次氯酸钠发生器	消毒剂	新产品
			氯酸盐法	亚氯酸盐法				
色度	√	√	√	√	√	√	√	√
浑浊度	√	√	√	√	√	√	√	√
臭和味	√	√	√	√	√	√	√	√
肉眼可见物	√	√	√	√	√	√	√	√
pH 值	√	√	√	√	√	√	√	√
铁	√		√	√		√	√	√
锰	√		√	√		√	√	√
砷	√		√	√		√	√	√
镉	√		√	√		√	√	√
铬（六价）	√		√	√		√	√	√
铅	√		√	√		√	√	√
汞	√		√	√		√	√	√

续表 2-19

项目名称	电解法消毒处理器	紫外线消毒处理器	二氧化氯发生器		臭氧发生器	次氯酸钠发生器	消毒剂	新产品
			氯酸盐法	亚氯酸盐法				
细菌总数	√	√	√	√	√	√	√	√
总大肠菌群	√	√	√	√	√	√	√	√
大肠菌群	√	√	√	√	√	√	√	√
游离氯	√		√	△		√	△	△
紫外线强度		√						△
水中游离余氯	△		√	△		√	△	△
氯酸盐	△		√	△			△	△
亚氯酸盐	△		√	√			△	△
二氧化氯	△		√	√			△	△
臭氧					√		△	△
溴酸盐	△				√		△	△
甲醛	△				√		△	△
四氯化碳	△						△	△
三氯甲烷	△						△	△
ICP 鉴定	△		△	△		△	△	√
色谱/质谱鉴定	△		△	△		△	△	√
耗氧量	△						√	△
毒理								√

注："√"表示必测项目；"△"表示如含有，需测定。

2.10 生活饮用水水质处理器卫生安全性要求

《生活饮用水水质处理器卫生安全与功能性评价规范》对生活饮用水水质处理器的卫生安全性要求进行了规定。

2.10.1 一般水质处理器

生活饮用水水质处理器，是指以市政自来水或其他集中式供水为水源的家庭和集团用生活饮用水水质处理器，不包括生产纯水的生活饮用水水质处理器。

2.10.1.1 生活饮用水水质处理器与水接触材料卫生安全性要求

用于组装生活饮用水水质处理器的材料和直接与饮水接触的成型部件及过滤材料，应按照卫生部《水质处理器中与水接触的材料卫生安全证明文件的规定》

提供卫生安全证明文件，否则必须参照《生活饮用水输配水设备及防护材料卫生安全评价规范》（2001）进行浸泡试验，浸泡水必须符合前述规范的规定。

2.10.1.2 生活饮用水水质处理器的卫生安全性要求

生活饮用水水质处理器必须按说明书要求进行整机浸泡试验方法，先用纯水注入处理器冲洗，然后注入纯水于室温浸泡24h，测定浸泡水。浸泡后水与原纯水比较，增加量不得超过表2-20~表2-23中所列限值。

表2-20 感官性状及一般化学指标要求

项目		卫生要求
感官性状	色度/度	增加量≤5
	浑浊度/NTU	增加量≤0.5
	臭和味	无异臭和异味
	肉眼可见物	不产生任何肉眼可见的碎片杂物等
一般化学指标	耗氧量（以O_2计）/mg·L^{-1}	增加量≤2

表2-21 毒理学指标要求

项目	卫生要求
铅	增加量≤0.001mg/L
镉	增加量≤0.0004mg/L
汞	增加量≤0.0002mg/L
铬（六价）	增加量≤0.005mg/L
砷	增加量≤0.005mg/L
挥发酚类	增加量≤0.002mg/L

表2-22 微生物指标要求

项目	卫生要求
细菌总数	≤100CFU/mL
总大肠菌群	每100mL水样不得检出
粪大肠菌群	每100mL水样不得检出

表2-23 银、碘等其他指标要求①

项目	卫生要求
银	≤0.05mg/L
碘	不得使水有异味
其他	不得超过《生活饮用水水质卫生规范》（2001）的要求

① 仅针对内含有载银活性炭、碘树脂等消毒部分的处理器。

2.10.1.3 生活饮用水水质处理器的出水水质要求

生活饮用水水质处理器的出水水质应符合《生活饮用水水质卫生规范》（2001）的要求。

2.10.2 矿化水器

矿化水器，是指以市政自来水或其他集中式供水为水源的家庭用生活饮用水矿化水器。

2.10.2.1 矿化水器与水接触材料卫生安全性要求

用于组装矿化水器的材料和直接与饮水接触的成型部件及过滤材料，应按照卫生部《水质处理器中与水接触的材料卫生安全证明文件的规定》提供卫生安全证明文件，否则必须参照《生活饮用水输配水设备及防护材料卫生安全评价规范》（2001）进行浸泡试验，浸泡水必须符合前述规范的规定。

2.10.2.2 矿化水器的卫生安全性要求

矿化水器必须按说明书要求进行整机浸泡试验方法，先用纯水注入矿化水器冲洗，然后用纯水于室温浸泡 24h，测定浸泡水。浸泡后水与原纯水比较，增加量不得超过表 2-24～表 2-27 中所列限值。

表 2-24 感官性状及一般化学指标要求

项　目		卫 生 要 求
感官性状	色度/度	增加量≤5
	浑浊度/NTU	增加量≤0.5
	臭和味	无异臭和异味
	肉眼可见物	不产生任何肉眼可见的碎片杂物等
一般化学指标	耗氧量（以 O_2计）/$mg \cdot L^{-1}$	增加量≤2

表 2-25 毒理学指标要求

项　目	卫 生 要 求
铅	增加量≤0.001mg/L
镉	增加量≤0.0005mg/L
汞	增加量≤0.0002mg/L
铬（六价）	增加量≤0.005mg/L
砷	增加量≤0.005mg/L
挥发酚类	增加量≤0.002mg/L

表 2-26 微生物指标要求

项 目	卫 生 要 求
细菌总数	≤100CFU/mL
总大肠菌群	每 100mL 水样不得检出
粪大肠菌群	每 100mL 水样不得检出

表 2-27 放射性指标

项 目	卫 生 要 求
总 α 放射性	不得增加（不超过测量偏差的 3 个标准差）
总 β 放射性	不得增加（不超过测量偏差的 3 个标准差）

2.10.2.3 矿化水器的矿化项目的溶出浓度要求

申请的矿化项目的溶出浓度不得大于《饮用天然矿泉水》（GB 8537—2008）规定的限量值。

2.10.2.4 矿化水器的出水水质要求

矿化水器的出水水质应符合《生活饮用水水质卫生规范》（2001）的要求。

2.10.3 反渗透处理装置

反渗透处理装置，是以市政自来水或其他集中式供水为原水，采用反渗透技术净水，旨在去除水中有害物质，获得作为饮水的纯水处理装置。

2.10.3.1 反渗透处理装置与水接触材料卫生安全性要求

用于组装反渗透处理装置的材料和直接与饮水接触的成型部件及过滤材料，应按照卫生部《水质处理器中与水接触的材料卫生安全证明文件的规定》提供卫生安全证明文件，否则必须参照《生活饮用水输配水设备及防护材料卫生安全评价规范》（2001 年）进行浸泡试验，浸泡水必须符合前述规范的规定。

2.10.3.2 反渗透处理装置的卫生安全性要求

反渗透处理装置必须按说明书要求进行整机浸泡试验方法，先用纯水注入矿化水器冲洗，然后用纯水于室温浸泡 24h，测定浸泡水。浸泡后水与原纯水比较，增加量不得超过表 2-28～表 2-30 中所列限值。

表 2-28 感官性状及一般化学指标要求

项目		卫生要求
感官性状	色度/度	增加量≤5
	浑浊度/NTU	增加量≤0.5
	臭和味	无异臭和异味
	肉眼可见物	不产生任何肉眼可见的碎片杂物等
一般化学指标	耗氧量（以 O_2计）/$mg\cdot L^{-1}$	增加量≤2

表 2-29 毒理学指标要求

项目	卫生要求
铅	增加量≤0.001mg/L
镉	增加量≤0.0005mg/L
汞	增加量≤0.0002mg/L
铬（六价）	增加量≤0.005mg/L
砷	增加量≤0.005mg/L
挥发酚类	增加量≤0.002mg/L

表 2-30 微生物指标要求

项目	卫生要求
细菌总数	≤100CFU/mL
总大肠菌群	每 100mL 水样不得检出
粪大肠菌群	每 100mL 水样不得检出

2.10.3.3 反渗透处理装置的出水水质要求

反渗透饮水处理装置的出水水质应符合表 2-31 要求。除表 2-4 所列指标外，其他项目均不得超过《生活饮用水水质卫生规范》（2001 年）所列的限值。

表 2-31 反渗透饮水处理装置出水水质要求

指标	限值
色度/度	5
浑浊度 NTU	1
臭和味	不得有能觉察的臭和味
肉眼可见物	不得含有
pH 值	高于 5.0
铅	0.01mg/L

续表 2-31

指　　标	限　　值
砷	0.01mg/L
挥发酚类（以苯酚计）	0.002mg/L
耗氧量	1.0mg/L
三氯甲烷	15μg/L
四氯化碳	1.8μg/L
细菌总数	20CFU/mL
总大肠菌群	每 100mL 水样不得检出
粪大肠菌群	每 100mL 水样不得检出

3 农村饮用水水源地环境保护技术

3.1 农村饮用水水源分类

农村饮用水水源可以分为地表水源、地下水源和其他类型水源。地表水源主要包括河流、湖库、山溪、坑塘等；地下水源主要包括浅层地下水、深层地下水、山涧泉水等类型；其他类型包括水窖、水柜等。

3.1.1 地表水源

3.1.1.1 河流型水源

根据水源水体规模、水量受水文和气象条件影响程度、季节变化影响及受区域水环境质量影响的程度，河流型水源可分为大中型河流和小型山溪。

河流水一般流量较大，且受季节和和降水的影响也较大，水质季节性变化明显，水的浑浊度和细菌含量较高，且易受工业废水及生活污水的污染，与海临近的河流还易受潮汐影响，使得盐类含量升高。

丘陵区、山区的溪沟往往地势较高，水量季节性差异明显；除洪水季节的浑浊度较大外，一般情况下水质都较好。

3.1.1.2 湖库型水源

根据水源水体规模、水量受水文和气象条件影响程度、水质受区域水环境质量影响的程度，湖库型水源可分为大中型湖泊水库和塘坝。湖泊水位变化小，流速缓慢，水量、水质较稳定；湖泊水浑浊度较低，但易繁殖藻类，致使色度增高。水库水与湖泊水具有相似的特点，但其水位一般较高，水位变化较大。塘坝是用来拦截和储存当地地表径流，其蓄水量不足 10 万立方米的蓄水设施。塘坝、湖泊、水库污染物主要来自集水流域地区工矿企业的工业废水和居民生活污水。此外，乡镇地表径流、农牧区地表径流、林区地表径流、矿区地表径流、大气降水和降尘、湖面养殖业和水上娱乐等造成水体富营养化的污染源也有可能造成影响。

3.1.2 地下水源

地下水水源主要包括上层滞水、潜水、承压水、泉水等，如图 3-1 所示。

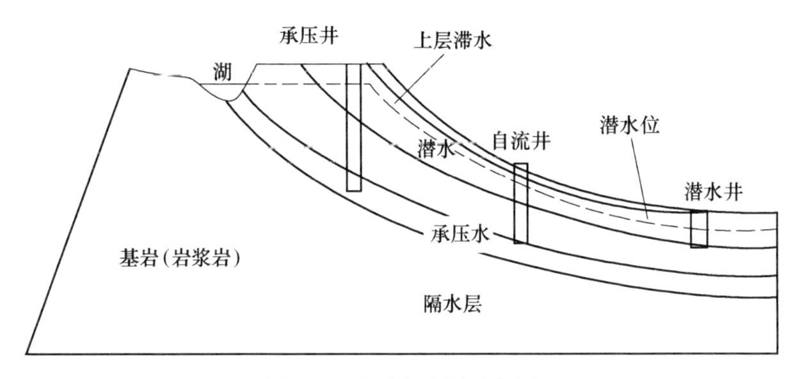

图 3-1 地下水水源示意图

3.1.2.1 浅层地下水源

浅层地下水源包括第一隔水层之上的潜水和上层滞水。

上层滞水常分布于砂层中的黏土夹层之上和石灰岩中溶洞底部有黏性土充填的部位。由雨水、融雪水等渗入时被局部隔水层阻滞而形成，一般季节变化剧烈，多在雨季存在，旱季消失。上层滞水分布面积小，水量也小，季节变化大，容易受到污染，只能用小型或暂时性供水水源。

潜水的特点是补给水源较近，补给区与排泄区相同，可由河流、降水渗透补给；水位、水量随季节或抽水量的大小而变化较大；水质易受地表或地下污染物污染，与周围环境有密切关系；浑浊度较低，一般无色；部分地区的铁、锰、氟或砷含量较高或超过卫生标准。

3.1.2.2 深层地下水源

深层地下水源是指第一隔水层之下的承压水。其特点是补给水源一般较远，补给区与排泄区不一致，水量充沛且动态稳定。由于含水层边界有不透水层的保护，所以不易受污染，水质一般较好，无色透明，细菌含量通常符合卫生标准要求，是最理想的水源地。部分地区的铁、锰、氟或砷含量较高，可能超过卫生标准。

3.1.2.3 山涧泉水水源

山涧泉水水源指山涧出露泉水。断层泉、裂隙泉、上升泉和下降泉等，都是地下水的天然露头。其特点是流量大小、动态情况因地质条件不同而有很大差异，但一般较稳定；水质也一般较好。大多数可直接饮用；地势高的泉水还可自留供水，是一种较好的农村饮用水源。

3.1.3 其他类型或特殊水源

3.1.3.1 水窖水源

我国北方地区农村常利用修建于地面以下并具有一定容积的水窖拦蓄雨水和地表径流作为饮用水水源。

水窖广泛应用于我国北方资源型缺水地区，基本为单户设置，半凸式结构，上有封盖，根据人畜用水量确定容积，一般为 8~36m^3，窖水主要来自降水。雨水地表径流过程将地面杂质、悬浮物、细菌等带入水窖，导致水质感关性较差，细菌等指标合格率低。少数水窖建在低洼地、菜地、草地和人畜活动频繁的地方，容易受动物、农药和化肥污染。水窖中超标污染物主要为菌落总数、总大肠菌群、氨氮和浊度等。典型的北方水窖水质状况见表 3-1。

表 3-1 我国北方水窖水质

检测项目	单位	项目值
色度	度	5~20
浑浊度	NTU	1~12
嗅和味	—	Ⅱ级（腥）
COD_{Mn}	mg/L	0.5~4.8
氨氮	mg/L	0.02~0.58
菌落总数	CFU/mL	9~3600
总大肠菌群	CFU/100mL	3~238

3.1.3.2 水柜水源

水柜是指我国南方地区农村用于收集雨水或其他来水的小型地表蓄水设施。一般一个家庭拥有一个，单个蓄水容积约 40~60m^3，主要蓄积降雨季节的山泉水，有的水柜蓄积山体裂隙渗水。典型的水柜水质状况见表 3-2。

表 3-2 我国南方水柜水质

检测项目	单位	项目值
色度	度	5
嗅和味	—	无味无嗅
浑浊度	NTU	1~10
pH 值	—	8~9
氨氮	mg/L	0.02~0.35
COD_{Mn}	mg/L	1.2~3.5
菌落总数	CFU/mL	100~1000
总大肠菌群	CFU/100mL	0~200

3.2　农村饮用水水源主要污染源

3.2.1　养殖场

养殖场产生的有害气体、粉尘、病原体微生物等排入大气后，随大气扩散和传播，当这些物质沉降时，将给水源地造成危害。当大量养殖粪便、污水等进入水体后，使水中的悬浮物、COD、BOD 升高和病原体微生物的无限扩散，不仅导致水质恶化，而且是传播某些疾病的重要途径。未经处理的养殖粪、污水过多地施入土壤，导致亚硝酸盐等有害物质产生，造成土壤富营养积累，改变土壤的质地结构，破坏土壤基本功能。污染物随地表径流、土壤水和地下水污染饮用水源。

3.2.2　农业种植区

农业污染源主要有农药、化肥的施用、土壤流失等。氮素是我国农田土壤中的主要养分之一，大量施用氮肥在促进粮食增产的同时也加大了对水源地的污染，施入农田的氮肥只有 1/2～1/3 被植物吸收利用，因此长期过量施肥在引起土壤养分富集和作物品质下降的同时，也会因降雨径流和农田排水使地表水和地下水源富营养化。

在农田氮素进入地表水和地下水过程中，各种形态的氮素之间，氮素与周围介质之间，产生着一系列的物理化学和生物化学反应，从而产生地表水和地下水氮污染问题。

3.2.3　废弃物

农村废弃物主要包括厨房剩余物、包装废弃物、一次性用品废弃物、废旧衣服鞋帽等。目前农村生活垃圾处理设施建设严重滞后甚至没有处理设施，部分群众环保意识相对较差，许多难以回收利用的固体废弃物，如旧衣服、一次性塑料制品、废旧电池、灯管、灯泡等随意倒在田头、水边，许多天然河道、溪流成了天然垃圾桶，成为蚊蝇、老鼠和病原体的滋生场所。垃圾中的一些有毒物质，如重金属、废弃农药瓶内残留农药等，随雨水的冲刷，迁移范围越来越广。

3.2.4　乡镇企业

对水源地污染严重的行业主要有造纸、电镀、印染、采矿等。村镇企业规模小，“三废”排放量少。但村镇企业数量多、分布广，生产条件相对落后，普遍缺乏环保设施，很多“三废”直接排入水体。村镇企业除了水污染问题外，如采矿、挖土制砖瓦行业，还对土地资源等自然资源造成破坏，间接影响村镇饮用水安全。

3.2.5 生活污水

村镇生活污水包括洗涤、沐浴、厨房炊事、粪便及其冲洗等产生的污水，主要含有有机物、氮和磷，以及细菌、病毒、寄生虫卵等。我国村镇生活污水的特点是：间歇排放，量少分散，瞬时变化大，经济越发达，生活污水氮、磷含量越高。

3.3 农村饮用水水源地保护工程技术组成

3.3.1 河流、湖库水源保护工程技术

河流、湖库水源保护工程技术包括取水口隔离及取水设施建设、水源防护区划分、水源标志设置、水源污染防治四个子项技术，其示意图如图 3-2 所示。工程位置参照《农村饮用水源地环境保护技术指南》（HJ2032—2013）确定的水源防护区边界确定。采用傍河取水方式时，水源的保护工程参照地下水源保护工程进行。

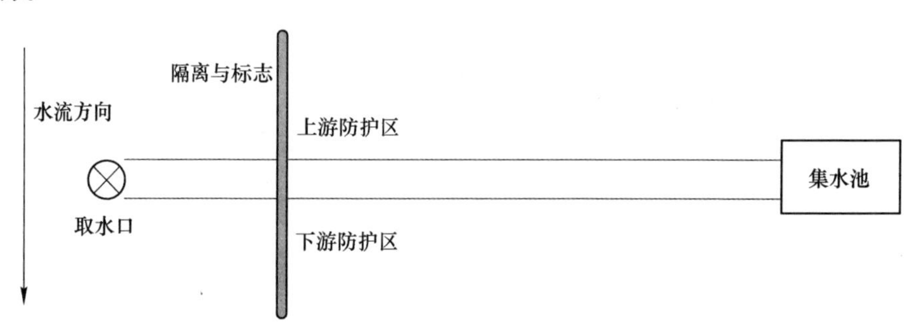

图 3-2 河流、湖库水源保护工程示意图

3.3.2 小型塘坝水源保护工程技术

小型塘坝水源保护工程技术包括取水口隔离及取水设施建设、水源防护区划分、水源标志设置、水源污染防护四个子项技术，其示意图如图 3-3 所示。

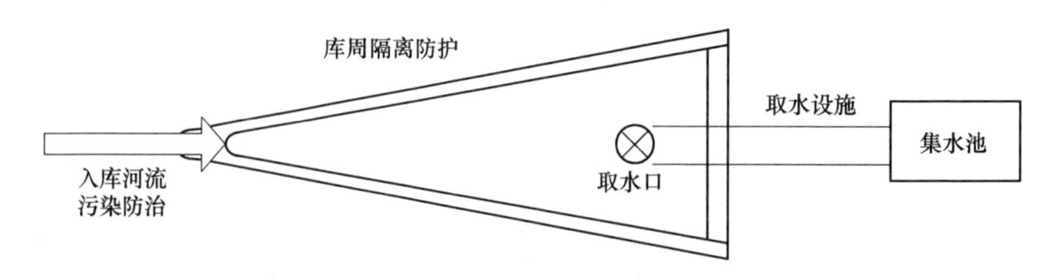

图 3-3 小型塘坝水源保护工程示意图

3.3.3 地下水源保护工程技术

地下水源保护工程技术包括取水口隔离及取水井建设、水源防护区划分、水源标志设置、水源污染防护四个措施，其示意图如图 3-4 所示。

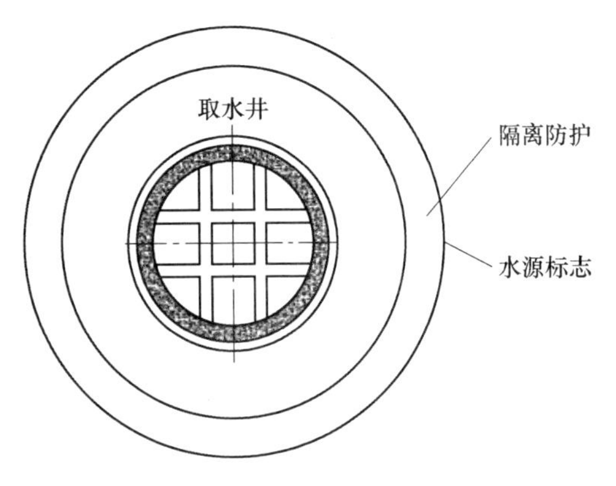

图 3-4 地下水源保护工程示意图

3.4 农村饮用水水源防护区划分

为防治饮用水水源地污染，保证饮用水安全，国家环保总局于 2007 年针对农村集中式饮用水水源保护区的划分，颁布了《饮用水水源保护区划分技术规范》（HJ/T 338—2007），农村分散式饮用水水源保护区的划分也可参照此规范。

3.4.1 集中式饮用水水源防护区水质要求

3.4.1.1 地表水饮用水水源保护区水质要求

（1）饮用水地表水源一级保护区或保护范围的水质基本项目限值不应低于 GB 3838—2002《地表水环境质量标准》Ⅱ类标准，且补充项目和特定项目应满足该标准规定的限值要求。

（2）饮用水地表水源二级保护区的水质基本项目限值不应低于 GB 3838—2002《地表水环境质量标准》Ⅲ类标准，且保证流入一级保护区的水质满足一级保护区水质标准的要求。

（3）饮用水地表水源准保护区的水质标准应保证流入二级保护区的水质满足二级保护区水质标准的要求。

3.4.1.2 地下水饮用水水源保护区水质要求

饮用水地下水源保护区（包括一级、二级和准保护区）或保护范围水质各项标准不应低于《地下水质量标准》（GB/T 14848—1993）Ⅲ类标准。

3.4.2 集中式饮用水水源防护区划分

3.4.2.1 地表水饮用水水源保护区的划分方法

A 河流型饮用水水源保护区的划分方法

河流型饮用水水源保护区的划分方法见表3-3。

表3-3 河流型饮用水水源保护区划分

范围		一级保护区	二级保护区	准保护区
水域范围	一般河流	长度：取水口上游不小于1000m，下游不小于100m； 宽度：为5年一遇洪水所能淹没的区域；通航河道按规定的航道边界线到取水口一侧范围	长度：从一级保护区的上游边界向上延伸不小于2000m，下游侧外边界距一级保护区边界不小于200m； 宽度：从一级保护区水域向外扩张到十年一遇洪水所能淹没区域，有防护的河段，为防洪内的水域宽度	当需要设置准保护区时，可参照二级保护区的划分方法确定准保护区范围
	感潮河流	长度：取水口上下游两侧范围相当，且不小于1000m； 宽度：与一般河流型相同	长度：二级保护区上游侧外边界到一级保护区上游侧边界的距离大于抄袭落潮最大下泄距离；下游侧范围应视具体河流水流状况确定； 宽度：与一般河流型相同	
陆域范围		陆域沿岸长度不小于相应的一级保护区水域长度；陆域沿岸纵深与河岸的水平距离不少于50m，且取水口到岸边水域范围与陆域沿岸纵深范围之和不小于100m	陆域沿岸长度不小于二级保护区水域长度，沿岸纵深范围不小于1000m	当需要设置准保护区时，可参照二级保护区的划分方法确定准保护区范围

山间溪流水水源保护区的划分与河流水水源保护区的划分类似，仅需根据实际情况做适当调整。

B 湖泊、水库饮用水水源保护区的划分方法

按湖泊、水库规模的大小，可将湖库型饮用水水源地进行分类，见表3-4。

表 3-4　湖库型饮用水水源地分类表

水源地类型	规　模
水　库	小型，$V<0.1$ 亿立方米
	中型，0.1 亿立方米 $\leqslant V<1.0$ 亿立方米
	大型，$V\geqslant 1.0$ 亿立方米
湖　泊	小型，$S<100\text{km}^2$
	大中型，$S\geqslant 100\text{km}^2$

湖泊、水库型饮用水水源保护区的划分见表 3-5。

表 3-5　湖泊、水库型饮用水水源保护区划分

范围	一级保护区	二级保护区	准保护区
水域范围	小型水库和单一供水功能的湖泊、水库：正常水位线以下的全部水域面积； 小型湖泊、中型水库：取水口半径 300m 范围内的区域	小型湖泊、中型水库：一级保护区边界外的水域面积、山脊线以内的流域	必要时，可以在二级保护区以外的汇水区域设定准保护区
陆域范围	小型湖泊、中型水库：取水口侧正常水位线以上 200m 范围内的陆域或一定高程线以下的陆域，但不超过流域分水岭范围	小型水库：上游整个流域（一级保护区陆域外区域）； 小型湖泊：一级保护区以外水平距离 2000m 区域，但不超过流域分水岭范围	

3.4.2.2　地下水饮用水水源保护区的划分方法

地下水按含水层介质类型的不同分为孔隙水、基岩裂隙水和岩溶水三类；按地下水埋藏条件分为潜水和承压水两类。地下水饮用水源地按开采规模分为中小型水源地（日开采量小于 50000m^3）和大型水源地（日开采量大于等于 50000m^3）。

A　孔隙水饮用水水源保护区划分方法

孔隙水的保护区是以地下水取水井为中心，溶质质点迁移 100d 的距离为半径所圈定的范围为一级保护区；一级保护区以外，溶质质点迁移 1000d 的距离为半径所圈定的范围为二级保护区，补给区和径流区为准保护区。

a　孔隙水潜水型水源保护区的划分方法

(1) 中小型水源地保护区划分。一级、二级保护区半径可以按式（3-1）计算，也可以取表 3-6 中的经验值，划分方法见表 3-7。

$$R = \alpha KI \times T/n \tag{3-1}$$

式中　R——保护区半径，m；

α——安全系数，一般取 150%，为了安全起见，在理论计算的基础上加上一定量，以防未来用水量的增加以及干旱期影响造成半径的扩大；

K——含水层渗透系数，m/d；

I——水力坡度，为漏斗范围内的水力坡度；

T——污染物水平迁移时间，m；

n——有效孔隙度。

表 3-6　孔隙水潜水水源保护区范围经验值

介质类型	一级保护区半径 R/m	二级保护区半径 R/m
细砂	30~50	300~500
中砂	50~100	500~1000
粗砂	100~200	1000~2000
砾石	200~500	2000~5000
卵石	500~1000	5000~10000

（2）大型水源地保护区划分

利用数值模型，确定污染物相应时间的捕获区范围作为保护区，划分方法见表 3-7。

表 3-7　孔隙水潜水水源保护区划分方法

水源地类型		一级保护区	二级保护区	准保护区
中小型	单个开采井	方法 1：以开采井为中心，表 3-6 所列经验值是指 R 为半径的圆形区域。 方法 2：以开采井为中心，按式（5-1）计算的结果为半径的圆形区域（T 取 100d）	方法 1：以开采井为中心，表 3-6 所列经验值是指 R 为半径的圆形区域。 方法 2：以开采井为中心，按式（5-1）计算的结果为半径的圆形区域（T 取 1000d）	补给区和径流区
	井群（集中式供水）	井群内井间距大于一级保护区半径的 2 倍时，可以分别对每口井进行一级保护区划分；井群内井间距不大于一级保护区半径的 2 倍时，则以外围井的外界多边形为边界，向外径向距离为一级保护区半径的多边形区域（示意图参见图 3-5）	井群内井间距大于二级保护区半径的 2 倍时，可以分别对每口井进行二级保护区划分；井群内井间距不大于保护区半径的 2 倍时，则以外围井的外接多边形为边界，向外径向距离为二级保护区半径的多边形区域（示意图参见图 3-5）	补给区和径流区
大型		以地下水取水井为中心，溶质质点迁移 100d 的距离为半径所圈定的范围	一级保护区以外，溶质质点迁移 1000d 的距离为半径所圈定的范围	水源地补给区（必要时）

井群的水源保护区范围示意图见图 3-5。

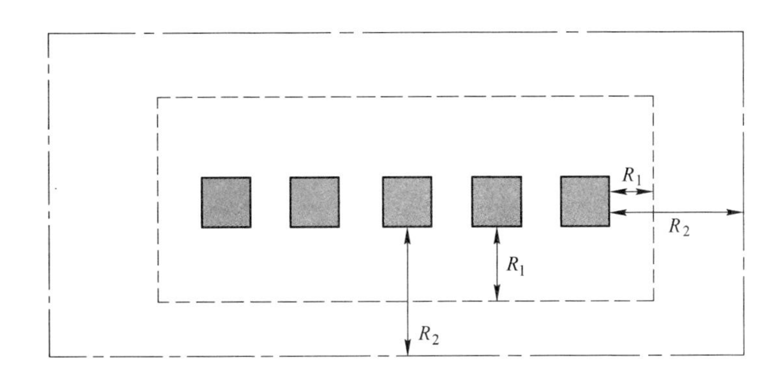

(a)

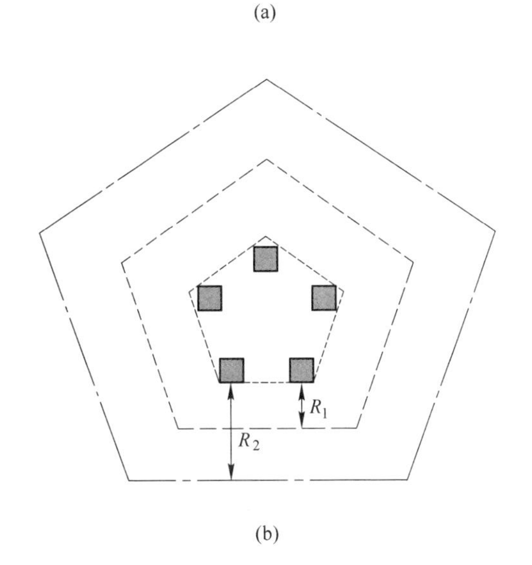

(b)

图 3-5　井群的水源保护区范围示意图

（a）线性布景；（b）非线性布景

■—水井；R_1— 一级保护区半径；R_2— 二级保护区半径；······ — 井群外包线；

- - - · — 一级保护区边界线；- · - — 二级保护区边界线

b　孔隙水承压水型水源保护区的划分方法

孔隙水承压水水源保护区的划分方法见表 3-8。

B　裂隙水饮用水水源保护区划分方法

按成因类型不同分为风化裂隙水、成岩裂隙水和构造裂隙水，其保护区划分方法见表 3-9。

表 3-8　孔隙水承压水水源保护区划分方法

水源地类型	一级保护区	二级保护区	准保护区
中小型水源地	上部潜水的一级保护区范围（方法同孔隙水潜水中小型水源地）	不设	水源补给区（必要时）
大型水源地	上部潜水的一级保护区范围（方法同孔隙水潜水大型水源地）	不设	水源补给区（必要时）

表 3-9　裂缝水水源保护区划分方法

<table>
<tr><th colspan="3">水源地类型</th><th>一级保护区</th><th>二级保护区</th><th>准保护区</th></tr>
<tr><td rowspan="3">风化裂缝水</td><td rowspan="2">潜水</td><td>中小型</td><td>以开采井为中心，按式（5-1）计算的距离为半径的圆形区域（T 取 100d）</td><td>以开采井为中心，按式（5-1）计算的距离为半径的圆形区域（T 取 1000d）</td><td>水源补给区和径流区</td></tr>
<tr><td>大型</td><td>以地下水开采井为中心，溶质质点迁移 100d 的距离为半径所圈定的范围</td><td>一级保护区以外，溶质质点迁移 1000d 的距离为半径所圈定的范围</td><td>水源补给区和径流区</td></tr>
<tr><td colspan="2">承压</td><td>上部潜水的一级保护区范围（划定方法需要根据上部潜水的含水介质类型并参考对应介质类型的中小型水源地的划分方法）</td><td>不设</td><td>水源补给区（必要时）</td></tr>
<tr><td rowspan="3">构造裂缝水</td><td rowspan="2">潜水</td><td>中小型</td><td>以水源地为中心，利用式（5-1），n 分别取主径流方向和垂直于主径流方向上的有效裂隙率，计算保护区的长度和宽度（应充分考虑裂隙介质的各向异性，T 取 100d）</td><td>计算方法同一级保护区，T 取 1000d</td><td>水源补给区和径流区（必要时）</td></tr>
<tr><td>大型</td><td>以地下水开采井为中心，溶质质点迁移 100d 的距离为半径所圈定的范围</td><td>一级保护区以外，溶质质点迁移 1000d 的距离为半径所圈定的范围</td><td>水源补给区和径流区（必要时）</td></tr>
<tr><td colspan="2">承压</td><td>同风化裂隙承压水型</td><td>不设</td><td>水源补给区（必要时）</td></tr>
<tr><td rowspan="2">成岩裂隙水</td><td colspan="2">潜水</td><td>同风化裂隙潜水型</td><td>同风化裂隙潜水型</td><td>同风化裂隙潜水型</td></tr>
<tr><td colspan="2">承压</td><td>同风化裂隙承压水型</td><td>不设</td><td>水源补给区（必要时）</td></tr>
</table>

注：大型水源地保护区的划分需要利用数值模型来确定污染物相应时间的捕获区，以此来作为保护区。

C 岩溶水饮用水水源保护区划分方法

根据岩溶水的成因特点，岩溶水分为岩溶裂隙网络型、峰林平原强径流带型、溶丘山地网络型、峰丛洼地管道型和断陷盆地构造型五种类型，其保护区划分方法见表3-10。

表3-10 岩溶水水源保护区划分方法

水源地类型	一级保护区	二级保护区	准保护区
岩溶裂缝网络型	同风化裂缝水	同风化裂缝水	水源补给区和径流区（必要时）
峰林平原强径流带型	同构造裂缝水	同构造裂缝水	水源补给区和径流区（必要时）
溶丘山地网络型、峰丛洼地管道型、断陷盆地构造型	长度：水源地上游不小于1000m，下游不小于100m（以岩溶管道为轴线）； 两侧宽度：按式（5-1）计算（若有支流，则支流也要参加计算）； 落水洞处一级保护区划分方法：以落水洞为圆心，按式（5-1）计算的距离为半径（T值为100d）的圆形区域，通过落水洞的地表河流按河流型水源地一级保护区划分方法划定	不设	水源补给区（必要时）

3.4.2.3 窖池水水源保护区划分方法

一般来说，对于作为集中式供水水源的农村窖池水水源地只需设置一级保护区，其范围为窖池及集水场。具体保护措施有：（1）尽量利用屋面集水，减少地面污染对水质的影响；（2）对在地面集水场内和窖池周围要严禁建厕所、畜圈等污染雨水的设施，严禁在集水设施附近堆放垃圾；（3）平时要加强对集雨场的管护，有条件的要对集雨场外围进行防护，以村为单位的大型集雨场要划定保护范围并设立水源保护标志，并在建设集水场时就要考虑利用围墙（围栏）将集雨场进行保护，确保集蓄雨水的安全；（4）对人工建设的集雨场要在下雨之前进行清扫，及时清理引水渠、沉砂池等设施；（5）对窖池口加盖上锁，确保水源安全。

3.4.3 小型集中式和分散式饮用水水源保护区划分

3.4.3.1 小型集中式饮用水水源保护区划分

供水规模为1000m^3/d以下至20m^3/d以上，或供水人口在10000人以下至200人以上的小型集中式饮用水水源（包括现用、备用和规划水源），应根据当地实际情况，划分水源地保护范围。

A 地下水型

饮用水地下水型水源地保护范围宜为取水口周边30~50m，岩溶水水源地保护范围宜为取水口周边50~100m；当采用引泉供水时，根据实际情况，可把泉水周边50m及上游100m处划为水源地保护范围；单独设立的蓄水池，其周边的保护范围宜为30m。

B 河流型

饮用水河流型水源地保护范围宜为取水口上游不小于100m，下游不小于50m。沿岸陆域纵深与河岸的水平距离不小于30m；条件受限的地方可将取水口上游50m、下游30m以及陆域纵深30m的区域作为保护范围；当采用明渠引蓄灌溉水供水时，应有防渗和卫生防护措施，水源地保护范围视供水规模宜为取水口周边30~50m；单独设立的蓄水构筑物，其周边的保护范围宜为10~30m。

C 湖库型

饮用水湖库型水源地水域保护范围宜为取水口半径100m的区域，但以供水功能的湖库应为正常水位线以下的全部水域面积；陆域为正常水位线以上50m范围内的区域，但不超过流域分水岭范围。

3.4.3.2 分散式饮用水水源保护区划分

供水规模在20m^3/d及以下或供水人口在200人以下的分散式饮用水源（或小型集中式饮用水水源）的保护范围，应符合下列规定：

（1）在山丘区修建的公共集雨设施，应选择无污染的清洁小流域，其集流场、蓄水池等供水设施周边的保护范围应根据实际情况确定，但不应小于10m。

（2）雨水集蓄饮用水宜采用屋顶集雨，应摒弃初期降雨或设初雨自动弃流装置；引水设施、水窖（池）周边的保护范围应根据实际情况确定，但不应小于10m。

（3）单户集雨供水集流面宜采用屋顶或在居住地附近无污染的地方建人工硬化集流面，其供水设施应在技术指导下由用户自行保护。

（4）分散式供水井周边的保护范围不应小于10m；单户供水井应在技术指导下由用户自行保护。

（5）当采用小型一体化净水设备时，其周边的保护范围不应小于10m。

3.5 农村饮用水水源保护区标志的设置

环保部为加强对饮用水水源的保护，保障人体健康，于2008年制定颁布了标准《饮用水水源保护区标志技术要求》（HJ/T 433—2008）。标准规定了饮用水水源保护区标志的类型、内容、位置、构造、制作及管理与维护等。饮用水水

源保护区标志包括饮用水水源保护区界标、饮用水水源保护区交通警示牌和饮用水水源保护区宣传牌，其制作材质应为经久耐用的铝合金板、合成树脂类板材等，其表面应采用反光材料。

3.5.1 饮用水水源保护区界标

界标是在饮用水水源保护区的地理边界设立的标志，目的是标识饮用水水源地保护区的范围，并警示人们需谨慎行为。

界标正面的上方为饮用水水源保护区图形标，其图形及比例尺寸如图3-6所示。中下方书写饮用水水源保护区名称，下方为“监督管理电话：××××××××”等监督管理方面的信息，监督管理电话一般为当地环境保护行政主管部门联系电话。

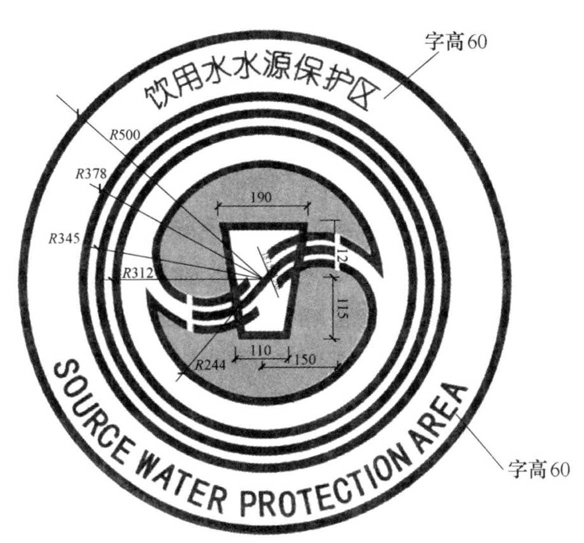

图3-6 饮用水水源保护区图形标图形及尺寸比例

饮用水水源保护区界标正面内容及尺寸如图3-7（a）所示。界标正面的上方用清晰、易懂的图形或文字说明饮用水水源保护区范围，表明保护区准确地理坐标和范围参数等。中下方书写饮用水水源保护区具体的管理要求，最下方靠右处书写“××政府××××年设立”字样。饮用水水源保护区界标背面内容及尺寸如图3-7（b）所示。

饮用水水源保护区界标一般设立于保护区路域界限的顶点处。饮用水水源保护区陆域范围为矩形或接近矩形时（如某些河流型饮用水水源保护区），宜在陆域外侧两顶点处设置界标；饮用水水源保护区陆域范围为弧形或接近弧形时（如某些湖库型饮用水水源保护区），宜在陆域两个弧端点及弧顶处设置界标；饮用水水源保护区陆域范围为圆形或接近圆形时（如某些地下水饮用水水源保护

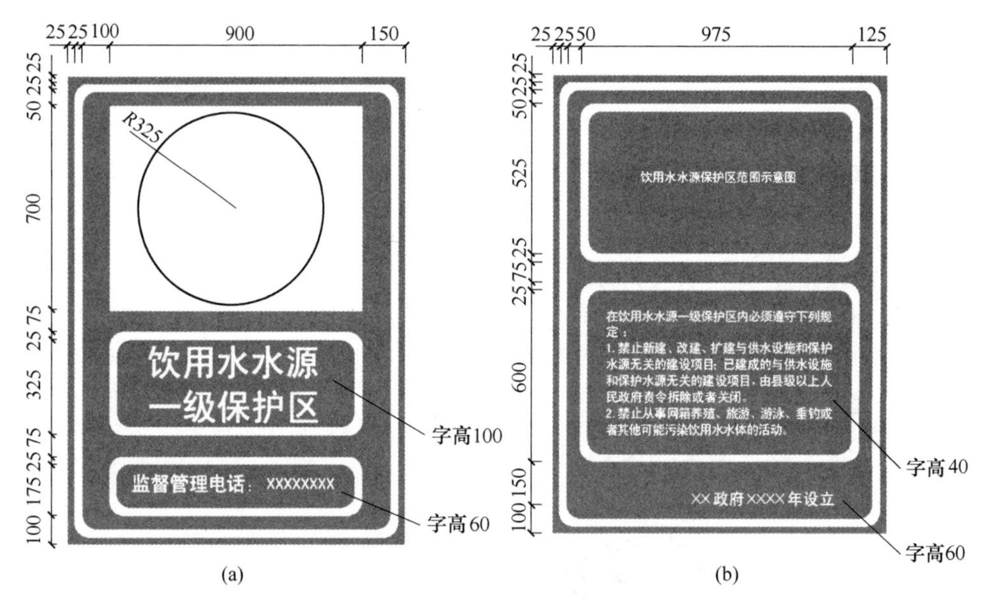

图 3-7　饮用水水源保护区界标内容及尺寸

（a）正面；（b）背面

区），宜在陆域四个方向的端点处设置界标；如果地下取水口为多个水井形成的井群，划定的保护区范围为多边形区域时，宜在多边形的各顶点处设立界标，也可结合水源地护栏围网等隔离防护工程设立界标。

3.5.2　交通警示牌

交通警示牌是警示车辆、船舶或行人进入饮用水水源保护区道路或航道，需谨慎驾驶或谨慎行为的标志。饮用水水源保护区交通警示牌又分为饮用水水源保护区道路警示牌和饮用水水源保护区航道警示牌。饮用水水源保护区交通警示牌设在保护区的道路或航道的进入点及驶出点。

3.5.2.1　道路警示牌

道路警示牌左边为饮用水水源保护区图形标，右边书写“您已进入××饮用水水源×级保护区，全长××km”或“您已进入××饮用水水源×级保护区，从××至××”，提示过往车辆及行人谨慎驾驶或行为。饮用水水源保护区道路警示牌内容及尺寸如图 3-8 所示。

在驶离饮用水水源保护区的路侧，可设立驶离告示牌，其内容如图 3-9 所示。

饮用水水源保护区道路警示牌设置于一级保护区、二级保护区和准保护区范围内的主干道、高速公路等道路旁。

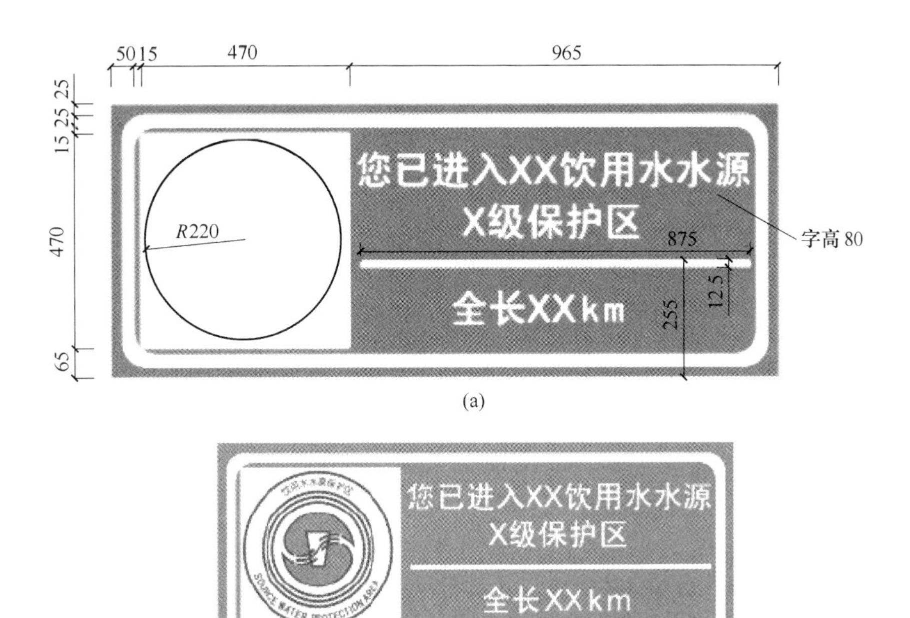

(b)

图 3-8　饮用水水源保护区道路警示牌内容及尺寸

（a）一般道路；（b）高速公路（尺寸同一般道路）

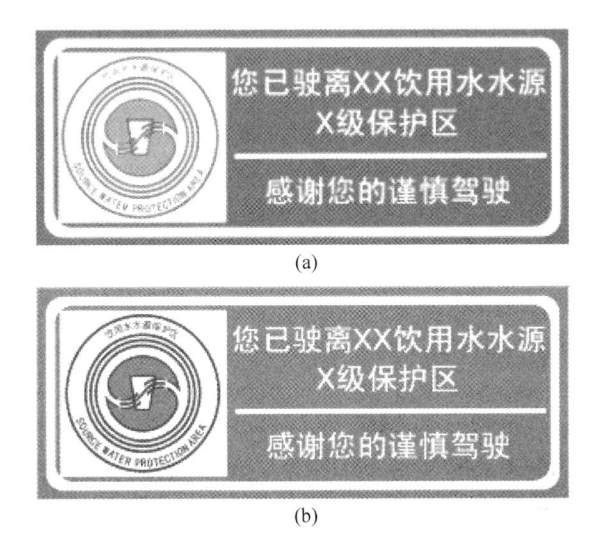

(b)

图 3-9　驶离饮用水水源保护区道路告示牌内容

（a）一般道路；（b）高速公路

3.5.2.2 航道警示牌

饮用水水源保护区航道警示牌上方为饮用水水源保护区图形标，下方书写“您已进入××饮用水水源×级保护区，全长××km”，或“您已进入××饮用水水源×级保护区，从××至××”，以提示过往船舶谨慎行驶，并告知在饮用水水源保护区范围内的行驶距离，其内容及尺寸如图 3-10 所示。饮用水水源一级保护区，还可增设有关警示牌，书写“禁止船舶停靠”等有关法律规定的内容，其内容如图 3-11 所示。

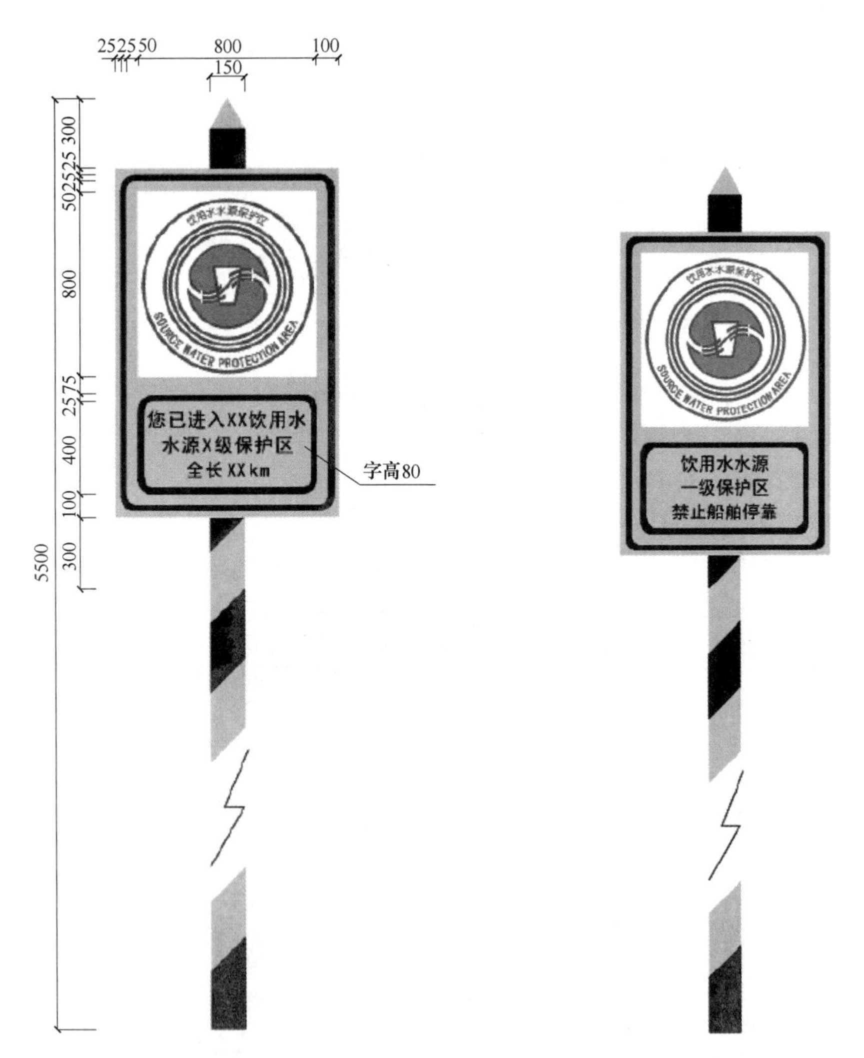

图 3-10　保护区航道警示牌图形及尺寸

图 3-11　一级保护区航道可增设的警示牌图形

3.5.3 宣传牌

宣传牌是为保护当地饮用水水源而对过往人群进行宣传教育所设立的标志。

各地方政府可根据实际需求设计宣传牌上的图形和文字，如介绍当地饮用水水源保护区的地形地貌、划分情况、保护现状、管理要求等。

饮用水水源保护区宣传牌宜在明显位置采用饮用水水源保护区图形标。

饮用水水源保护区宣传牌可根据实际需要在适当的位置设立。

3.6 农村饮用水水源地污染防护技术

3.6.1 各级水源保护区的污染防护要求

3.6.1.1 饮用水地表水源各级保护区的污染防护要求

A 一级保护区的污染防护要求

(1) 禁止一切破坏水环境生态平衡的活动以及破坏水源林、护岸林、与水源保护相关植被的活动。

(2) 禁止向水域倾倒工业废渣、城市垃圾、粪便及其他废弃物。

(3) 运输有毒有害物质、油类、粪便的船舶和车辆一般不准进入保护区，必须进入者应事先申请并经有关部门批准、登记并设置防渗、防溢、防漏设施。

(4) 禁止使用剧毒和高残留农药，不得滥用化肥，不得使用炸药、毒品捕杀鱼类。

(5) 禁止新建、扩建与供水设施和保护水源无关的建设项目。

(6) 禁止向水域排放污水，已设置的排污口必须拆除。

(7) 不得设置与供水需要无关的码头，禁止停靠船舶。

(8) 禁止堆置和存放工业废渣、城市垃圾、粪便和其他废弃物。

(9) 禁止设置油库。

(10) 禁止从事种植、放养畜禽和网箱养殖活动。

(11) 禁止可能污染水源的旅游活动和其他活动。

B 二级保护区的污染防护要求

(1) 禁止一切破坏水环境生态平衡的活动以及破坏水源林、护岸林、与水源保护相关植被的活动。

(2) 禁止向水域倾倒工业废渣、城市垃圾、粪便及其他废弃物。

(3) 运输有毒有害物质、油类、粪便的船舶和车辆一般不准进入保护区，必须进入者应事先申请并经有关部门批准、登记并设置防渗、防溢、防漏设施。

(4) 禁止使用剧毒和高残留农药，不得滥用化肥，不得使用炸药、毒品捕杀鱼类。

（5）禁止新建、改建、扩建排放污染物的建设项目。

（6）原有排污口依法拆除或者关闭。

（7）禁止设立装卸垃圾、粪便、油类和有毒物品的码头。

C　准保护区的污染防护要求

（1）禁止一切破坏水环境生态平衡的活动以及破坏水源林、护岸林、与水源保护相关植被的活动。

（2）禁止向水域倾倒工业废渣、城市垃圾、粪便及其他废弃物。

（3）运输有毒有害物质、油类、粪便的船舶和车辆一般不准进入保护区，必须进入者应事先申请并经有关部门批准、登记并设置防渗、防溢、防漏设施。

（4）禁止使用剧毒和高残留农药，不得滥用化肥，不得使用炸药、毒品捕杀鱼类。

（5）禁止新建、扩建对水体污染严重的建设项目。

（6）改建建设项目，不得增加排污量。

3.6.1.2　饮用水地下水源各级保护区的污染防护要求

A　一级保护区的污染防护要求

（1）禁止利用渗坑、渗井、裂隙、溶洞等排放污水和其他有害废弃物。

（2）禁止利用透水层孔隙、裂隙、溶洞及废弃矿坑储存石油、天然气、放射性物质、有毒有害化工原料、农药等。

（3）实行人工回灌地下水时，不得污染当地地下水源。

（4）禁止建设与取水设施无关的建筑物。

（5）禁止从事农牧业活动。

（6）禁止倾倒、堆放工业废渣及城市垃圾、粪便和其他有害废弃物。

（7）禁止输送污水的渠道、管道及输油管道通过本区。

（8）禁止建设油库。

（9）禁止建立墓地。

B　二级保护区的污染防护要求

a　潜水含水层地下水水源地

（1）禁止利用渗坑、渗井、裂隙、溶洞等排放污水和其他有害废弃物。

（2）禁止利用透水层孔隙、裂隙、溶洞及废弃矿坑储存石油、天然气、放射性物质、有毒有害化工原料、农药等。

（3）实行人工回灌地下水时，不得污染当地地下水源。

（4）禁止建设化工、电镀、皮革、造纸、制浆、冶炼、放射性、印染、染料、炼焦、炼油及其他有严重污染的企业，已建成的要限期治理，转产或搬迁。

（5）禁止设置城市垃圾、粪便和易溶、有毒有害废弃物堆放场和转运站，已有的上述场站要限期搬迁。

（6）禁止利用未经净化的污水灌溉农田，已有的污灌农田要限期改用清水灌溉；化工原料、矿物油类及有毒有害矿产品的堆放场所必须有防雨、防渗措施。

b 承压含水层地下水水源地

（1）禁止利用渗坑、渗井、裂隙、溶洞等排放污水和其他有害废弃物。

（2）禁止利用透水层孔隙、裂隙、溶洞及废弃矿坑储存石油、天然气、放射性物质、有毒有害化工原料、农药等。

（3）实行人工回灌地下水时，不得污染当地地下水源。

（4）禁止承压水和潜水的混合开采，作好潜水的止水措施。

C 准保护区的污染防护要求

（1）禁止利用渗坑、渗井、裂隙、溶洞等排放污水和其他有害废弃物。

（2）禁止利用透水层孔隙、裂隙、溶洞及废弃矿坑储存石油、天然气、放射性物质、有毒有害化工原料、农药等。

（3）实行人工回灌地下水时，不得污染当地地下水源。

（4）禁止建设城市垃圾、粪便和易溶、有毒有害废弃物的堆放场站，因特殊需要设立转运站的，必须经有关部门批准，并采取防渗漏措施。

（5）当补给源为地表水体时，该地表水体水质不应低于《地表水环境质量标准》（GB 3838—2002）Ⅲ类标准。

（6）不得使用不符合《农田灌溉水质标准》（GB 5084—2005）的污水进行灌溉，合理使用化肥；保护水源林，禁止毁林开荒，禁止非更新砍伐水源林。

3.6.2 各种污染源的污染防治

3.6.2.1 工业污染防治

禁止在水源地新建、改建、扩建排放污染物的建设项目，已建成排放污染物的建设项目，应依法予以拆除或关闭。饮用水水源受到污染可能威胁供水安全的，应当责令有关企业事业单位采取停止或者减少排放水污染物等措施。

在水源地周边的工业企业进行统筹安排，工业企业发展要与新农村建设相结合，合理布局，应限制发展高污染工业企业。

3.6.2.2 农业污染防治

A 农药污染防治

a 选用低毒农药

选用低毒农药是通过改良农药的毒性，选用毒性小、环境适应性强的农药，来降低其对水源的污染。农药的化学特性是影响农药渗漏的最重要因子，在生产中应尽量选用被土壤吸附力强、降解快、半衰期短的低毒农药。

b 应用生物农药

生物农药具有无污染、无残留、高效、低成本的特点，应大力推广应用。与传统的化学农药相比，生物农药具有对人畜安全、环境兼容性好、不易产生抗性、易于保护生物多样性和来源广泛等优点；但多数生物农药作用速度缓慢、受环境因素影响较大，田间使用技术也不够成熟。

c 生物降解

生物降解是通过生物的作用将大分子有机物分解成小分子化合物的过程，包括动物降解、植物降解、微生物降解等，具有低耗、高效、环境安全等优点，成为防治农药污染最有优势的技术。可针对农药品种、环境条件在受农药污染的水源保护范围内培养专性微生物、种植特定植物、投放特定土壤动物等来降解农药。

B 化肥污染防治

a 测土配方施肥

测土配方施肥是以土壤测试和肥料田间试验为基础，根据作物需肥规律、土壤供肥性能和肥料效应，在满足植物生长和农业生产需要的基础上，提出氮、磷、钾及中、微量元素等肥料的施用数量、施肥时期和施用方法。通过测土配方施肥，可以有效减少化肥施用量、提高化肥利用率，减少化肥流失对饮用水源的污染。

b 施用缓释肥

缓释肥是在化肥颗粒表面包上一层很薄的疏水物质制成包膜化肥，对肥料养分释放速度进行调整，根据作物需求释放养分，达到元素供肥强度与作物生理需求的动态平衡。目前，缓释肥主要有涂层尿素、覆膜尿素、长效碳铵等类型。缓释肥可以控制养分释放速度，提高肥效，减少肥料施用量和损失量，降低对水源的污染。

c 发展有机农业

有机农业是遵照一定的有机农业生产标准，在生产中不采用基因工程获得的生物及其产物，不使用化学合成的农药、化肥、生长调节剂、饲料添加剂等物质，遵循自然规律和生态学原理，协调种植业和养殖业的平衡，采用一系列可持续发展的农业技术以维持持续稳定的农业生产体系的一种农业生产方式。在水源保护范围内宜发展有机农业，有效减少农用化学物质对水源的污染风险；建立作物轮作体系，利用秸秆还田、绿肥施用等措施保持土壤养分循环。

d 建设生态缓冲带

在农田和水源之间建设生态缓冲带，利用缓冲带植物的吸附和分解作用，拦

截农田氮磷等营养物质进入水源，同时，缓冲区有助于阻止附近地区（耕地及养殖场）的径流污染物，对湖滨地区的水土保持、减少湖滨带土壤侵蚀量也有重要作用。一般是在河岸带种植多年生的乔木等植物。

3.6.2.3 畜禽养殖业污染防治

饮用水水源地禁止开展规模化和专业户畜禽养殖。水源地的分散式畜禽养殖圈舍应尽量远离取水口，禁止向水体直接倾倒畜禽粪便和污水。对于水源地以外可能对水源产生影响的畜禽养殖，应参考《畜禽养殖业污染防治技术规范》（HJ/T 81—2001）采取相应的污染防治措施，鼓励种养结合和生态养殖，推动畜禽养殖业污染物的减量化、无害化和资源化处置。

A 干法清粪

干法清粪工艺的主要方法是：粪便一经产生便分流，干粪由机械或人工收集、清扫、运走，尿及冲洗水则从下水道流出，分别进行处理。干法清粪工艺分为人工清粪和机械清粪两种。人工清粪只需用一些清扫工具、人工清粪车；机械清粪，包括铲式清粪和刮板清粪。

B 畜禽粪便高温堆肥

畜禽粪便高温堆肥又称“好氧堆肥”，在氧气充足的条件下借助好氧微生物的生命活动降解有机质。通常，好氧堆肥堆体温度一般在50~70℃，由于高温堆肥可以大限度地杀灭病原菌、虫卵及杂草种子，同时将有机质快速地降解为稳定的腐殖质，转化为有机肥。不同的堆肥技术的主要区别，在于维持堆体物料均匀及通气条件所使用的技术差异，主要有条垛式堆肥、强制通风静态垛堆肥、反应器堆肥等。

C 沼气发酵

沼气发酵又称为厌氧消化、厌氧发酵和甲烷发酵，是指有机物质（如人畜家禽粪便、秸秆、杂草等）在一定的水分、温度和厌氧条件下，通过种类繁多、数量巨大，且功能不同的各类微生物的分解代谢，终形成甲烷和二氧化碳等混合性气体（沼气）的复杂生物化学过程。一般从投料方式、发酵温度、发酵阶段、发酵级差、料液流动方式等角度，选择适合的发酵工艺。

D 畜禽养殖场径流控制

在养殖场粪便产生区，采取控制其径流通道的方法将该部分携带动物粪便的径流进行控制，防止其进入水体。一般应在规模化和专业户畜禽养殖场径流出口处建造排水沟，将其径流转移到处理池或作其他用途。

3.6.2.4 生活污水污染防治

水源地内不得修建渗水的厕所、化粪池和渗水坑，现有公共设施应进行污水防渗处理，取水口应尽量远离这些设施。

水源地内生活污水应避免污染水源，根据生活污水排放现状与特点、农村区域经济与社会条件，按照《农村生活污染技术政策》（环发〔2010〕20 号）及有关要求，尽可能选取依托当地资源优势和已建环境基础设施、操作简便、运行维护费用低、辐射带动范围广的污水处理模式。

A　分散处理

将农村污水按照分区进行污水管网建设并收集，以稍大的村庄或邻近村庄的联合为宜，每个区域污水单独处理。污水分片收集后，采用适宜的中小型污水处理设备、人工湿地或氧化塘等形式处理村庄污水。

分散处理模式具有布局灵活、施工简单、建设成本低、运行成本低、管理方便、出水水质有保障等特点。适用于村庄布局分散、规模较小、地形条件复杂、污水不易集中收集的村庄污水处理。在中西部村庄布局较为分散的地区，宜采用分散处理模式。

a　人工湿地

人工湿地是利用自然生态系统中物理、化学和生物的三重共同作用来实现对水体的净化。这种湿地系统是在一定长宽比及底面有坡度的洼地中，由土壤和填料（如卵石等）混合组成填料床，水体可以在床体的填料缝隙中曲折地流动，或在床体表面流动。在床体的表面种植具有处理性能好、成活率高的水生植物（如芦苇等），形成一个独特的动植物生态环境，对污染水进行处理。

b　氧化塘

氧化塘是经人工改造的具有处理污水能力的自然池塘，是一种构造简单、维护管理方便、处理效果稳定、节省能源的净化系统。污水在塘内经过较长时间的停留、储存，通过微生物的代谢活动，菌藻相互作用或菌藻、水生生物的综合作用，使有机污染物和其他污染物质得到降解和去除。

B　集中处理

集中处理模式对村庄产生的污水进行集中收集，统一建设处理设施处理村庄全部污水。污水处理采用自然处理、常规生物处理等工艺形式。

集中处理模式具有占地面积小、抗冲击能力强、运行安全可靠、出水水质好等特点。适用于村庄布局相对密集、规模较大、经济条件好、企业或旅游业发达地区污水处理。在东部村庄密集、经济基础较好的地区，宜采用集中处理模式。

C　纳入市政管网统一处理

纳入市政管网统一处理模式是指村庄内所有生活污水经污水管道集中收集后，统一接入邻近市政污水管网，利用城镇污水处理厂统一处理村庄污水。

该处理模式具有投资少、施工周期短、见效快、统一管理方便等特点。适用

于距离市政污水管网较近，符合高程接入要求的村庄污水处理。靠近城市或城镇、经济基础较好，具备实现农村污水处理由“分散治污”向“集中治污、集中控制”转变条件的农村地区可以采用。

3.6.2.5 固体废物污染防治

饮用水水源地内禁止设立粪便、生活垃圾的收集、转运站，禁止堆放医疗垃圾，禁止设立有毒、有害化学物品仓库。

饮用水水源地内厕所达到国家卫生厕所标准，与饮用水水源保持必要的安全卫生距离。水源保护区以外的粪便应实现无害化处理，防止污染水源。对无害化卫生厕所的粪便无害化处理效果进行抽样检测，粪大肠菌、蛔虫卵应符合现行国家标准《粪便无害化卫生标准》（GB 7959—2012）的规定。

A 无害化卫生厕所

无害化卫生厕所，是符合卫生厕所的基本要求，具有粪便无害化处理设施、按规范进行使用管理的厕所。卫生厕所要求有墙、有顶，储粪池不渗漏、密闭有盖，厕所清洁、无蝇蛆、基本无臭，粪便应按规定清出。

B 一般垃圾回收

厨余、瓜果皮、植物农作物残体等可降解有机类垃圾，可用作牲畜饲料，或进行堆肥处理。倡导水源保护区内农村垃圾就地分类，综合利用，应按照“组保洁、村收集、镇转运、县处置”的模式进行收集。

C 特殊垃圾处置

医疗废弃物、农药瓶、电池、电瓶等有毒有害或具有腐蚀性物品的垃圾，要严格按照有关规定进行妥善处理处置。

D 垃圾综合利用

遵循“减量化、资源化、无害化”的原则，鼓励农村生产生活垃圾分类收集，对不同类型的垃圾选择合适的处理处置方式。煤渣、泥土、建筑垃圾等惰性无机类垃圾，可用于修路、筑堤或就地进行填埋处理。废纸、玻璃、塑料、泡沫、农用地膜、废橡胶等可回收类垃圾可进行回收再利用。

3.6.2.6 地表水生态修复

A 藻类水华控制

当分散式饮用水水源发生藻类水华时，优先考虑更换水源，无可替换水源时再启动藻类水华控制工作。针对湖库型饮用水水源地的水华主要发生区域，分析其水文、水化学特征、营养负荷特征，以不同水华发生特征为基础，研究制定水华控制方案。适合分散式饮用水水源地的除藻技术，有机械打捞、工程物理、生物控藻三类。

a　机械打捞

通过合适的过滤或者絮凝等技术与装置，高效打捞，并迅速实现藻水分离。根据短期的气象与水文预测信息，确定在未来时间内藻类水华易聚集的时间和地点，组织人员和机械，在藻类高度聚集的水域打捞藻类，提高打捞效率。根据藻类难以发酵的特点，将其与畜禽粪便混合，可提高发酵生产沼气的效率。

b　工程物理

利用过滤、紫外线、电磁电场等物理学方法，对藻类进行杀灭或抑制的技术。

物理方法除藻效果普遍较好，可持久使用，但一次性投入成本很高且处理能力有限，大都局限于水处理工程中的应用。

c　生物控藻

生物控藻，即利用藻类的天敌及其产生的生长抑制物质来控制或杀灭藻类的技术，主要包括：利用藻类病原菌（细菌、真菌）抑制藻类生长；利用藻类病毒（噬藻体）控制藻类的生长；利用植物的抑制物质、植物间的相互抑制、富集和争夺营养源的抑藻作用；利用食藻鱼类控制藻类生长；酶处理技术；利用浮叶植物、挺水植物、沉水植物等大型水生植物吸收氮磷及节流藻类等调控技术。

生物防治是最为科学的方法，藻类不易采用化学药剂来彻底杀灭，一是难以做到，二是代价太大，三是造成环境污染或破坏生态平衡；改用生物学方法并不是彻底杀灭或消除藻类，而是利用生态平衡原理将藻类的生长和繁殖控制在危害水平之下，从而控制藻体数量、防治富营养化带来的各种危害。

B　生物浮岛

针对湖库型水源，利用竹子或可降解的泡沫塑料板等做成的、能漂浮在水面上且可承受一定质量的浮床上种植植物，让根系伸入水中吸收水分、氮、磷以及其他营养元素来满足植物生长需要，通过收获植物去除水中的氮、磷等污染物。目前已用于或可用于人工生物浮床净化水体的植物主要有：美人蕉、芦苇、荻、多花黑麦草、稗草等。

C　生态护坡

生态型护坡以保护、创造生物良好的生存环境和自然景观为前提，在保证护岸具有一定强度、安全性和耐久性的同时，兼顾工程的环境效应和生物效应，以达到一种水体和土体、水体和生物相互涵养，适合生物生长的仿自然状态。改变传统河坡直立式结构形式，放缓河坡，在近岸带种植根系发达的植物，依靠植物固结土壤，防止岸坡淘刷，维护岸坡稳定性，为水中生物提供栖息地和活动的场所，起到保护、恢复自然环境的效果，主要选取物种有：黑麦草、两耳草及高羊茅草等。

D 底泥清淤

对不同粒径的泥沙清淤物，按其不同用途进行综合利用处理。细颗粒泥沙是一些营养物质和一些有机质的载体，是建造肥沃良田的优质原料；其他泥沙可用于工程建筑材料和填沟造田，可使水库泥沙淤积治理产生综合效益，降低挖沙成本；对于未经处理的和不能进行综合利用的清淤物应堆放到安全地带，防止清淤物再次流入水体，对环境造成污染。

3.6.2.7 地下水污染修复

当地下水型饮用水水源发生污染时，优先考虑更换水源，无可替换水源时再启动地下水环境修复工作。地下水污染防治技术主要有物理法修复技术、化学法修复技术、生物法修复技术和复合修复技术等。

A 物理法修复

a 水动力控制法

水动力控制修复技术是建立井群控制系统，通过人工抽取地下水或向含水层内注水的方式，改变地下水原来的水力梯度，进而将受污染的地下水体与未受污染的清洁水体隔开。井群的布置可以根据当地的具体水文地质条件确定。

b 流线控制法

流线控制法设有一个抽水廊道、一个抽油廊道、两个注水廊道。首先从上面的抽水廊道中抽取地下水，然后把抽出的地下水注入相邻的注水廊道内，以确保大限度地保持水力梯度。同时，在抽油廊道中抽取污染物质，但要注意抽油速度不能高，要略大于抽水速度。

c 屏蔽法

屏蔽法是在地下建立各种物理屏障，将受污染水体圈闭起来，以防止污染物进一步扩散蔓延。常用的灰浆帷幕法是用压力向地下灌注灰浆，在受污染水体周围形成一道帷幕，从而将受污染水体圈闭起来。

d 被动收集法

被动收集法是在地下水流的下游挖一条足够深的沟道，在沟内布置收集系统，将水面漂浮的污染物质如油类污染物等收集起来，或将所有受污染的地下水收集起来以便处理的一种方法。

e 地下水曝气技术

地下水曝气技术应用于处理地下水中的挥发性有机物。将干净的空气注入受污染的含水层中，使地下水中的挥发性有机物经由传质作用，转移到气相中，而借浮力上升的气体被收集，进行净化处理。

B 化学法修复

a 有机黏土法

有机黏土法是利用人工合成的有机黏土有效去除有毒化合物。利用土壤和蓄水层物质中含有的黏土，在现场注入季铵盐阳离子表面活性剂，使其形成有机黏土矿物，用来截住和固定有机污染物，防止地下水进一步污染。

b　加药法

谨慎使用加药法修复地下水，确保水质污染在可控范围之内，避免污染水源。加药法是通过井群系统向受污染水体灌注化学药剂，如灌注中和剂以中和酸性或碱性渗滤液，添加氧化剂降解有机物或使无机化合物形成沉淀等。

c　电化学动力法

电化学动力修复技术是将电极插入受污染的地下水及土壤区域，通直流电后，在此区域形成电场。在电场的作用下水中的离子和颗粒物质沿电力场方向定向移动，迁移至设定的处理区进行集中处理；同时在电极表面发生电解反应，阳极电解产生氢气和氢氧根离子，阴极电解产生氢离子和氧气。

C　生物法修复

生物修复是指利用天然存在的或特别培养的生物（植物、微生物和原生动物）在可调控环境条件下，将污染物降解、吸收或富集的生物工程技术。生物修复技术适用于烃类及衍生物，如汽油、燃油、乙醇、酮、乙醚等，不适合处理持久性有机污染物。

D　复合法修复

复合法修复技术是兼有以上两种或多种技术属性的污染处理技术，其关键技术同时使用了物理法、化学法和生物法中的两种或全部。如渗透性反应屏修复技术同时涉及物理吸附、氧化-还原反应、生物降解等几种技术；抽出处理修复技术在处理抽出水时同时使用了物理法、化学法和生物法；注气-土壤气相抽提技术则同时使用了气体分压和微生物降解两种技术。

a　抽出处理

抽出处理法是当前应用很普遍的一种方法，可根据污染物类型和处理费用来选用，大致可分为：物理法（包括吸附法、重力分离法、过滤法、反渗透法、气提法、空气吹脱法和焚烧法等）、化学法（包括混凝沉淀法、氧化还原法、离子交换法和中和法等）和生物法（包括活性污泥法、生物膜法、生物反应器法、厌氧消化法和土壤处置法等）。

b　渗透反应墙（PRB）

在污染水体下游挖沟至含水层底部基岩层或不透水黏土层，然后在沟内填充与污染物反应的透水性介质，受污染地下水流入沟内与介质发生反应，生成无害化产物或沉淀物。常用的填充介质有：灰岩，用以中和酸性地下水或去除重金属；活性炭，用以去除非极性污染物；沸石和合成离子交换树脂，用以去除溶解态重金属等。该方法主要适用于较薄、较浅含水层，一般用于填埋场渗滤液的无

害化处理。

c 监测自然衰减法

监测自然衰减技术是基于污染场地自身理化条件和污染物自然衰减能力进行污染修复，从而达到降低污染物浓度、毒性及迁移性等目的。监测自然衰减是一种被动修复技术，其机制由于土壤颗粒的吸附，使一些污染物不会迁移到场地以外，微生物降解是污染物分解的重要作用，稀释和弥散虽不能分解污染物，但也可以有效地降低场地的污染风险。监测自然衰减技术适用于含氯有机溶剂、燃料、金属、放射性核素和爆炸物等各种污染物。

3.6.2.8 小型河流、塘坝水源周边生态隔离技术

针对小型河流、塘坝饮用水水源，主要采取生态隔离措施，隔离系统由流域农田减量施肥和生态隔离防护两个子系统组成（见图 3-12）。

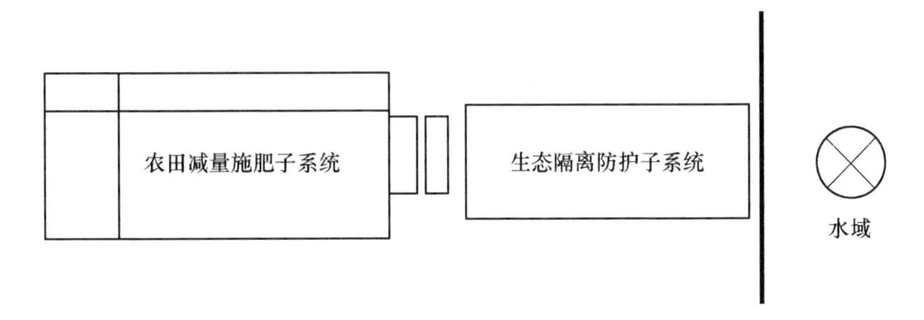

图 3-12 小型河流、塘坝饮用水水源污染防护工程示意图

（1）流域农田减量施肥子系统：在库塘周边农田中实施测土配方、合理施肥，以减少 N、P 的流失，从而减少农业非点源污染对周围水体的污染。

（2）生态隔离防护带子系统：在库塘周边 50m 范围内，构建生态防护隔离带，应按照宽度大于 50m、高度大于 1.5m 进行设置，主要起到阻隔人群活动影响的作用，同时减少面源污染的影响。生态隔离防护子系统包括植物篱、生态沟渠和植被缓冲带等技术，可根据实际需要和水源所处地形选择使用其中一种技术，或几种技术组合使用。

1）植物篱。通过生物吸收作用等再次消耗氮磷养分、净化水质，提高养分资源的再利用率。库塘周边生态隔离系统的最佳结构为“疏林+灌草”，这一结构可以通过密度控制来实现。需根据当地的气候条件，选取适宜的生物物种。适合水土保持的防护林树种主要有：松树、刺槐、栎类、凯木、紫穗槐等，须选择适合于本地区的树种。

2）生态沟渠。对沟渠的两壁和底部采用蜂窝状混凝土板材硬质化，在蜂窝状孔中种植对 N、P 营养元素具有较强吸收能力的植物，用于吸收农田排水中的

营养元素，从而减少库塘水质的富营养化。

3）植被缓冲带。通常设置在下坡位置，植被种类选取以本地物种为主，乔木、灌木、草类等合理配置，布局上也要相互协调，以提高植被系统的稳定性。植被缓冲带要具备一定的宽度和连续性，宽度可结合预期功能和可利用土地范围合理设置。

3.6.2.9　塘坝水源入库溪流前置库技术

对于塘坝水源入库溪流，宜采用前置库技术。前置库的库容按照入库溪流日均流量的0.5~1.5倍进行设计。前置库由五个子系统组成，即：地表径流收集与调节子系统、沉降与拦截子系统、生态透水坝及砾石床强化净化子系统、生态库塘强化净化子系统和导流子系统等5个子系统组成（见图3-13）。

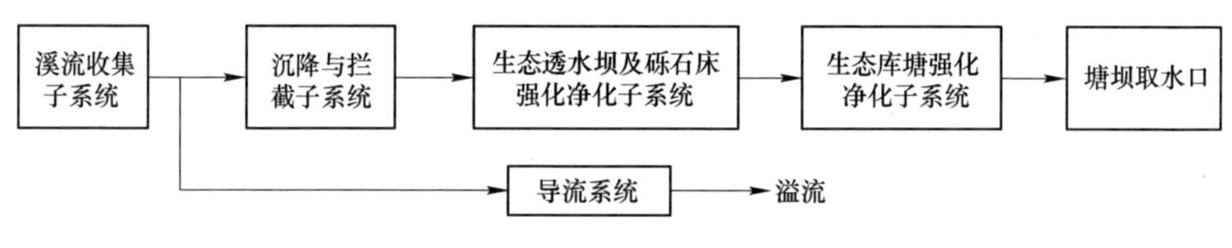

图3-13　前置库系统的组成结构示意图

（1）地表径流收集与调节子系统。利用现有沟渠适当改造，结合生态沟渠技术，收集地表径流并进行调蓄，对地表径流中污染物进行初级处理。

（2）沉降与拦截子系统。利用库区入口的沟渠河床，通过适当改造，结合人工湿地原理构建生态河床，种植大型水生植物，建成生物格栅，既对引入处理系统的地表径流中的颗粒物、泥沙等进行拦截、沉淀处理，又去除地表径流中的N、P以及其他有机污染物。

（3）生态透水坝及砾石床强化净化子系统。利用砾石构筑生态透水坝，保持调节系统与库区水位差，透水坝以渗流方式过水。砾石床位于生态透水坝后，砾石床种植的植物、砾石孔隙与植物根系周围的微生物共同作用，高效去除N、P及有机污染物。

（4）生态库塘强化净化子系统。利用具有高效净化作用的生物浮床、生物操纵技术、水生植物带、固定化脱氮除磷微生物等，强化清除N、P、有机污染物等。

（5）导流子系统。暴雨时为防止系统暴溢，初期雨水引入前置库后，后期雨水通过导流系统流出。

3.6.2.10　农村地下水源的污染防护技术

以水井为中心，周围设置坡度为5%的硬化导流地面，半径不小于3m，30m

处设置导流水沟，防止地表积水直接下渗进入井水。导流沟外侧需设置防护隔离墙或生物隔离带（见图 3-14），防护隔离墙高度 1.5m，顶部向外侧倾斜 0.2m。生物隔离带宽度 5m，高度 1.5m（见图 3-15）。

如地下水源位于农业生产区，则需参照本章 3.6.2.8 节小型塘坝水源周边生态隔离技术增设农田减量施肥子系统和生态截留沟渠子系统，以防止农药或化肥经灌渗进入地下蓄水层。

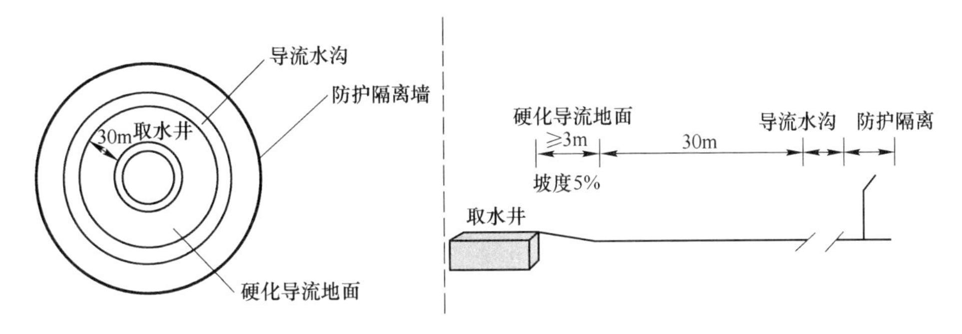

图 3-14　地下水源地隔离防护示意图

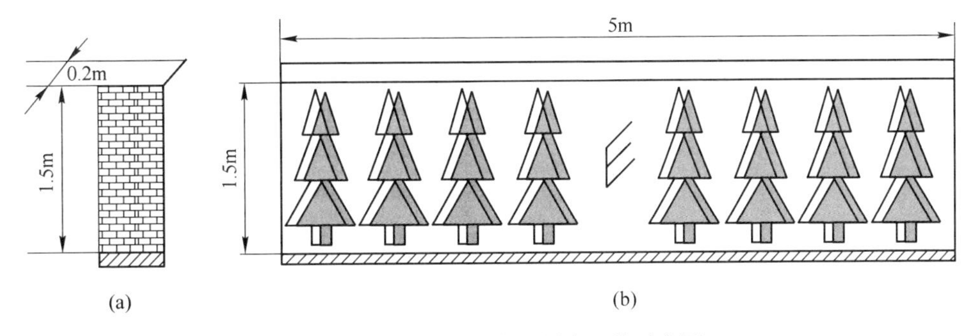

图 3-15　地下水源取水口隔离工艺示意图

（a）防护隔离墙；（b）生物隔离带

4 农村供水处理技术

4.1 水处理工艺选择原则

4.1.1 化学成分不超标原水的水处理工艺选择原则

（1）水质良好的地下水，可只进行消毒处理。

（2）南方山丘区的小型集中供水工程，以山溪水或高位水库为水源时，可根据原水浊度及变化情况选择预沉—粗滤—慢滤等组合净水工艺。

（3）地表水浊度长期不超过 20NTU、瞬间不超过 60NTU 时，可采用微絮凝接触过滤或微絮凝超滤膜净水工艺。

（4）地表水浊度长期不超过 500NTU、瞬间不超过 1000NTU 时，可采用混凝沉淀过滤或混凝沉淀超滤膜净水工艺。

（5）地表水含沙量变化较大或浊度经常超过 500NTU 时，宜在常规净水工艺前增设预沉淀池。

（6）地表水季节性浊度变化较大时宜设沉淀池超越管，水质较好时可超越沉淀池进行微絮凝过滤。

4.1.2 化学成分超标原水的水处理工艺选择原则

4.1.2.1 铁超标的地下水

当水中的二价铁易被空气氧化时，宜采用曝气氧化法；当受硅酸盐影响或水中的二价铁空气氧化较慢时，宜采用接触氧化法。

4.1.2.2 铁、锰超标的地下水

（1）当原水含铁量低于 2.0~5.0mg/L（北方采用 2.0mg/L、南方采用 5.0mg/L）、含锰量低于 1.5mg/L 时，可采用：原水曝气→单级过滤除铁除锰。

（2）当原水含铁量或含锰量超过上述数值且二价铁易被空气氧化时，可采用：原水曝气→一级过滤除铁→二级过滤除锰。

（3）当除铁受硅酸盐影响或二价铁空气氧化较慢时，可采用：原水氧化→一级过滤除铁→曝气→二级过滤除锰。

4.1.2.3 氟超标的地下水

氟超标的地下水可采用混凝沉淀法、吸附法、反渗透法等净水工艺。

4.1.2.4 苦咸水

苦咸水是指水的溶解性总固体大于等于1000mg/L的地下水，苦咸水大部分分布在西北缺水地区和东部沿海地带，苦咸水淡化可采用反渗透工艺。

4.1.2.5 砷超标的地下水

砷超标的地下水可采用吸附法处理。

4.1.2.6 微污染地表水

微污染地表水，可采用化学预氧化、生物预处理、颗粒活性炭或臭氧—颗粒活性炭深度处理；可采用粉末活性炭应急预处理。

4.2 常规水处理技术

4.2.1 消毒

生活饮用水必须做消毒处理，饮用水消毒目的是杀灭水中对人体健康有害的绝大多数致病微生物，包括病菌、病毒、原生动物的孢囊等，以防止通过饮用水传播疾病。但是，消毒并不能杀灭水中所有微生物，如隐孢子虫。消毒处理是在达到饮用水卫生标准的前提下，将饮水导致的水性疾病风险降至最低。

水处理中化学消毒剂的使用通常导致化学副产物的形成，而副产物的健康危险性与不适当的或不足量的消毒引起的健康危害相比则显得非常微小。

常用的消毒方法有氯消毒、二氧化氯消毒、臭氧消毒、紫外线消毒和膜滤菌。

村镇集中供水厂的消毒方法选择，应根据原水水质、出水水质要求、消毒剂来源、消毒副产物形成的可能、水处理工艺，以及供水规模、管理条件和消毒成本等，参照相似条件下的运行经验或通过试验，经过技术经济比较确定，主要选择要求如下：

（1）宜优先选择氯或二氧化氯消毒。水质较好、pH≤8.0时，可选择氯消毒；原水pH>8.0时，可采用二氧化氯消毒；水质较差、需要氧化处理时，可采用复合型二氧化氯消毒。

（2）V型以下规模较小的单村供水厂，也可选择臭氧或紫外线消毒。水质略差时，可选择臭氧消毒；水质良好、供水规模较小时，可选择紫外线消毒。

水厂的消毒剂设计投加量，应根据原水水质、管网长度和相似条件下的运行经验或通过试验按最大用量确定，应能灭活出厂水中病原微生物、满足出厂水和管网末梢水的消毒剂余量要求，并控制消毒副产物不超标。

消毒剂投加点设计，应符合下列要求：

（1）出厂水的消毒，应在滤后投加消毒剂，投加点应设在调节构筑物的进水管上。

（2）当原水中铁锰、有机物或藻类较高，需要采用消毒剂氧化处理时，可在滤前和滤后分别投加消毒剂，但应防止副产物超标。

（3）供水管网较长、水厂消毒难以满足管网末梢水的消毒剂余量要求时，可在管网中的加压泵站、调节构筑物等部位补加消毒剂。

4.2.1.1 氯消毒

A 氯消毒原理

常用的氯消毒剂有液氯、漂白粉［$Ca(OCl)Cl$］和漂粉精［$Ca(OCl)_2$］等。

当水中不含氨时，氯消毒剂加入水中后立即发生反应生成次氯酸，次氯酸水解能生成次氯酸根离子。

$$Cl_2+H_2O \rightleftharpoons HOCl+H^++Cl^-$$

$$HOCl \rightleftharpoons H^++OCl^-$$

一般情况下，次氯酸和次氯酸根离子在水中同时存在，相对比例取决于 pH 值和温度，但它们的总和则保持一定值。

次氯酸为很小的中性分子，可扩散到带负电的细菌表面，并渗入细菌体内通过氧化作用破坏菌体内系统而使细菌死亡。因次氯酸根离子本身带负电，难以接近带负电的细菌，很难起到直接的消毒作用。所以在较低的 pH 值条件下，次氯酸所占比例较大，则消毒效果较好。当水中的次氯酸被消耗后，次氯酸根离子会不断转化为次氯酸，因此，次氯酸和次氯酸根离子的所含氯量均为消毒剂的有效氯含量。

氯消毒的效果与水温、pH 值、接触时间、混合程度、污水浊度以及所含干扰物质、有效氯浓度有关。

B 余氯量与需氯量

氯消毒中，所投加的氯经过一定接触时间以后，除了与水中的细菌和还原性物质发生作用被消耗外，还有适量的氯留在水中以保证持续的杀菌能力，这部分氯成为余氯。

需氯量是指在一定条件（温度、pH 值、接触时间等）下，单位体积水样中所投加的氯量与为达到预期氯化效果所需的剩余氯量之差，即：需氯量=加氯量-余氯量。需氯量是水中细菌和其他还原性物质（包括部分无机物和有机物）所消耗的氯量及氯在水中被光氧化分解的量。

采用氯消毒时，氯消毒剂与水接触时间应不低于30min出厂，出厂水的游离余氯应不低于0.3mg/L且不超过4.0mg/L，管网末梢水的游离余氯应不低于0.05mg/L，消毒副产物三氯甲烷应不超过0.06mg/L等。

C　消毒剂的选择原则

集中供水厂的氯消毒，可采用液氯、商品次氯酸钠溶液、电解食盐现场制备次氯酸钠溶液、漂白粉、漂粉精或次氯酸钙片剂等，不应采用三氯异氰脉酸钠和二氯异氰脉酸等有机类的氯消毒剂。应根据不同消毒方法的安全性、可靠性、管理方便程度以及成本，结合当地的原料供应和水厂管理条件等确定，并可采用下列方法：

（1）液氯购置容易时，Ⅰ型、Ⅱ型水厂可选择液氯消毒。

（2）商品次氯酸钠溶液易购置时，可采用商品次氯酸钠溶液消毒。

（3）商品氯消毒剂购置较困难时，可采用电解食盐现场制备次氯酸钠溶液消毒。

（4）规模较小的水厂，可采用漂白粉、漂粉精或次氯酸钙片剂，配制成次氯酸钙溶液消毒。

D　氯消毒的注意事项

（1）采用液氯消毒时，应采用加氯机投加，并有防止水倒灌氯瓶的措施，氯瓶下应有校核氯量的秤；氯库不应设置阳光直射氯瓶的窗户，不应设置与加氯间相通的门。氯库大门上应设置人行安全门，其安全门应向外开启，并能自行关闭；加氯间必须与其他工作间隔开；加氯间和氯库应设置漏氯检测仪和报警设施，检测仪应设低、高检测极限；应在临近氯库的单独房间内设置漏氯吸收装置，处理能力可按1h处理一个氯瓶计。

（2）采用次氯酸钠或次氯酸钙溶液消毒时，均宜采用计量泵投加。

（3）采用商品次氯酸钠溶液消毒时，商品次氯酸钠溶液，应符合GB 19106要求，其固定储备量和周转储备量均可按7~10d用量计算；宜采用耐腐蚀的PVC塑料桶，每个罐的有效容积可按2~7d的用量确定。

（4）采用电解食盐现场制备次氯酸钠溶液消毒时原料应采用无碘食用盐；应有安全的尾气（氢气）排放措施；应有去除进入电解槽食盐水硬度的措施，有条件时宜采用纯净水配置食盐水；Ⅰ~Ⅲ型水厂可采用离子膜电解法次氯酸钠发生器，且应采用饱和浓度的食盐水电解；Ⅰ~Ⅲ型水厂也可采用连续式无隔膜电解法次氯酸钠发生器，用于电解的食盐水的浓度为3%~4%；Ⅳ型、Ⅴ型水厂可采用连续式无隔膜电解法次氯酸钠发生器，用于电解的食盐水的浓度为3%~4%。

（5）采用漂白粉或漂粉精消毒时，配置的次氯酸钙溶液浓度应为1%~2%。

（6）采用次氯酸钙片剂消毒时，宜采用具有即用即配、用多少配多少功能的专用设备溶解。

4.2.1.2　二氧化氯消毒

A　二氧化氯消毒原理

二氧化氯属强氧化剂，在正4价态下具有强氧化能力，能与许多有机和无机化合物发生氧化还原反应；ClO_2有效氯是Cl_2的2.63倍。

在酸性条件下具有很强的氧化性：

$$ClO_2+4H+5e \longrightarrow Cl^-+H_2O \quad \varphi=+1.511V$$

在中性或碱性条件下：

$$ClO_2+e \longrightarrow ClO_2^- \quad \varphi=+0.95V$$

$$ClO_2+2H_2O+4e \longrightarrow Cl^-+4OH^- \quad \varphi=+0.78V$$

二氧化氯是一种高效消毒剂，可以杀灭各种细菌繁殖体、芽孢、真菌、病毒甚至原虫等。

ClO_2是广谱杀菌剂，对水处理系统中水池过滤设备和管道中的藻类、异氧菌、铁细菌、硫酸盐还原菌和浮游生物等有很好的杀菌效果。

B　二氧化氯消毒的优点

二氧化氯消毒具有以下优点：

a　消毒能力强

在pH值为7的水中，不到0.1mg/L的ClO_2在5min杀灭一般细菌，如伤寒杆菌、痢疾杆菌、大肠杆菌等。ClO_2对芽孢菌（尤其炭疽芽孢菌）和病毒的杀灭作用均比较理想，要100%杀灭悬浮液中的大肠杆菌与金黄色葡萄球菌，用ClO_2 0.1mg/L作用20min，而氯则需59mg/L作用同样的时间；当维持水中亚氯酸盐浓度在0.1mg/L以下时，ClO_2可抑制隐孢子虫。

b　不受pH值影响

用氯进行消毒随着pH值升高，其消毒效果明显下降。而用ClO_2进行消毒，pH值在6~10左右保持恒定的消毒效果。

c　不受氨化物影响

用氯消毒则受氨的影响，地表水氨氮含量高时，必须采用折点氯化法才能保证消毒效果，而采用ClO_2低浓度（0.2mg/L）就能达到消毒目的。

d　脱色和除铁除锰

ClO_2能氧化水中有色物质，其降低饮水色度尤为明显。供水中二价铁和锰用氯去除不完全，而用ClO_2可迅速氧化这些低价金属成为不溶物质而被过滤去除。

e　减少水中致癌物的生成

与氯消毒相比，ClO_2消毒可减少水中三氯甲烷（THM）90%以上，减少水中氯仿2/3~3/4。ClO_2不与水中有机物反应形成THM，ClO_2可改善饮水氯化副产物

致癌作用。

f 控制供水嗅和味

处理污染较严重的水时，ClO_2可以分解多种产生异味的污染物如酚类、藻类和腐败有机物等，消除异味。

g 除毒作用

ClO_2能分解破坏水中的藻毒素和肉毒杆菌毒素，其效果比氯和氯胺都好。

h 对藻类的灭活作用

当水中含藻类时，不宜采用预氯化。二氧化氯作为原水预化学氧化剂和杀藻剂是有效的。

C 二氧化氯发生器选择原则

二氧化氯发生器分高纯型和复合型两大类。

高纯型二氧化氯发生器以亚氯酸钠和盐酸为原料在常温条件下反应生成二氧化氯气体，再通过精量投加装置投入待处理水体，实现饮用水消毒。

适用于COD_{Mn}较高的水源；藻类、真菌造成的含色、臭、味的水源；pH值和氨氮含量较高的水源；铁、锰含量较高的地下水源。

复合型二氧化氯发生器以氯酸钠和盐酸为原料，在加热至70℃条件下反应生成二氧化氯气体和氯气，通过精量投加装置投入待处理水体，实现饮用水消毒，适用于水质较好的水源。

采用二氧化氯消毒时，应采用二氧化氯发生器现场制备消毒液，应根据供水规模及管网长度、水质、管理条件和运行成本等确定二氧化氯发生器的类型。

D 二氧化氯消毒的注意事项

（1）按照国家饮水卫生标准中规定，出厂水中二氧化氯余量应高于0.1mg/L，但不得超过0.8mg/L。保持稳定的投加药量对水厂来说至关重要，为满足这一要求，应选择全自动型二氧化氯发生器，根据处理水量或出厂水余氯或两者组成的闭合回路来控制二氧化氯的投加量，实现自动定比投加，防止投药不足或过量等情况发生。

（2）化学法二氧化氯发生器所用原料应符合GB/T 1618—2008、GB 320—2006、HG/T 3250—2001、GB/T 534—2014、GB/T 8269—2006等相关标准的规定；以氯酸钠为主要原料的复合型二氧化氯发生器，应具有加热反应和残液分离等功能，比值应不低于0.9，二氧化氯收率应不低于55%；高纯型二氧化氯发生器，出口溶液中二氧化氯纯度应不小于95%，二氧化氯收率应不小于70%。

（3）采用二氧化氯消毒时，二氧化氯与水接触时间不宜低于30min出厂，出厂水的二氧化氯余量不应低于0.1mg/L且不超过0.8mg/L，管网末梢水的二氧化氯余量不应低于0.02mg/L，消毒副产物氯酸盐和亚氯酸盐均不应超过0.7mg/L。

（4）化学法制备二氧化氯的原材料，严禁相互接触，必须分别储存在分类的库房内，盐酸、硫酸或柠檬酸库房，应设置酸泄漏的收集槽，氯酸钠或亚氯酸钠库房，应备有快速冲洗设施。

4.2.1.3 臭氧消毒

A 臭氧消毒的原理

臭氧是依靠氧化作用破坏生物膜的结构实现杀菌作用的。臭氧首先作用于细胞膜，使膜构成成分受损伤而导致新陈代谢障碍；然后继续渗透穿透膜而破坏膜内脂蛋白和脂多糖，改变细胞的通透性，导致细胞溶解、死亡。臭氧灭活病毒是通过氧化作用直接破坏其核糖核酸 RNA 或脱氧核糖核酸 DNA 物质而完成。

B 臭氧在生活饮用水处理中的应用

臭氧可以有效降低水中生化需氧量（BOD）和化学需氧量（COD）、氧化水中的氨、脱色、有利于悬浮固体的去除、杀灭水中各种细菌等。臭氧氧化还可提高有机物的可生物降解性。臭氧在饮用水中的应用详见表 4-1。

表 4-1 臭氧在饮用水处理中的应用

细菌消毒	溶解有机物的微凝聚作用（氧化）	除藻类	去除悬浮固体或浊度（氧化）
病毒灭火	无机物氧化	有机物氧化	生物过程预处理（氧化）
可溶性铁和锰（氧化）	去除氰化物	除酚	降解农药
除色（氧化）	去除硫化物	除洗涤剂	
除臭、除味（氧化）	去除亚硝酸盐		

不建清水池的小型农村水厂一般输配水管网较短，当水在输配水管网中停留时间短于 10min 时，如采用臭氧消毒，可确保管网末梢水的微生物安全性。

C 臭氧消毒的注意事项

a V 型以下的单村集中供水厂选择臭氧消毒时，应注意的事项

（1）配水管网应较短且卫生防护条件较好。

（2）原水中溴化物含量应较低。当原水中溴化物含量超过 0.02mg/L 时，应进行臭氧投加量与溴酸盐生成量的相关性试验。

（3）臭氧与水接触时间不宜少于 12min 出厂，出厂水的臭氧余量不应超过 0.3mg/L，消毒副产物溴酸盐含量不应超过 0.01mg/L、甲醛不应超过 0.9mg/L。

（4）臭氧发生器，可选用电晕法或电解法的发生器；设备型号及规格，应根据供水水质对臭氧的消耗试验或参照类似水厂的经验确定，也可按 0.3～0.6mg/L 的投加量确定。选择电晕法的臭氧发生器时，应有制氧装置。

（5）采用臭氧消毒时，水厂内宜设清水池，有效容积可按最高日用水量的15%～30%确定，不宜过大，满足接触时间要求即可。水厂无清水池时，宜设臭氧接触罐及二次加压供水水泵机组，接触时间可采用12～15min，并据此确定臭氧接触罐的有效容积。清水池和臭氧接触罐内应设导流隔墙，水流宜采用竖向流。清水池和臭氧接触罐设在室内时，应全密闭；池（罐）顶应设自动排气阀及臭氧尾气管，臭氧尾气管应通向室外偏僻无人的安全部位或通向专设的臭氧尾气吸收装置。

（6）臭氧投加点应设在清水池或臭氧接触罐的进水管道上，可采用水射器、气水混合泵等投加。

（7）所有与臭氧气体或溶解有臭氧的水体接触的材料必须耐臭氧腐蚀。

（8）清水池和臭氧接触罐内应设自记水位计，臭氧发生器及臭氧投加系统应与来水水泵机组根据池（罐）水位联动。

b 采用臭氧对水中超标物质进行氧化处理时，应注意的事项

（1）氧化去除水中的铁锰、藻类、色度、臭味时，接触池（罐）应设在滤池前或混凝沉淀前。

（2）氧化分解水中的有机物时，接触池（罐）应设在颗粒活性炭滤池前。

（3）接触时间可采用2～5min，并据此确定臭氧接触池（罐）的有效容积。

（4）宜选用电晕法臭氧发生器，臭氧投加量应根据水质对臭氧的消耗试验或参照类似水厂的经验确定，并据此确定臭氧发生器的型号及规格。

4.2.1.4 紫外线消毒

A 紫外线消毒的原理

紫外线消毒的杀菌原理是利用紫外线光子的能量破坏水体中各种病毒，细菌以及其他致病体的DNA结构。主要是使DNA中的各种结构键断裂或发生光化学聚合反应，如使DNA中胸腺嘧啶（THYMINE）二聚，使各种病毒、细菌以及其他致病体丧失繁殖复制能力，达到灭菌效果。紫外杀菌的效果取决紫外线的剂量。紫外线剂量取决于紫外线强度和照射的时间。

B 紫外线消毒的特点

a 杀菌效率及广谱性

紫外线具有很高的杀菌广谱性，通过不同紫外线强度的设计，细菌、病毒，还是霉菌、藻类、孢子甚至原生动物都可以有效杀灭。

紫外线消毒技术由于消毒腔内紫外线强度可以根据要求设计，可达到几十万甚至几百万微瓦每平方厘米，对各种化学消毒难以杀灭的病原体都能在以秒计的时间内100%杀灭。

b 悬浮物对紫外线消毒的影响

各种悬浮物（颗粒）在水中会阻挡、吸收、衰减及散射紫外线，因此对杀菌效果有很大的影响。

如果处理后污水的SS≤30mg/L（即国家二级排放标准），采用紫外线消毒，大肠菌群量可以有效控制在10000个/L以下；SS≤10mg/L时，可以有效控制在1000个/L以下。

c 灯管表面结垢及其影响

水中的各种悬浮物、生物以及各种溶解性的有机物和无机物（例如水的硬度），都会造成灯管表面结垢。灯管表面结垢将极大地影响灯管产生的紫外线射入水中。

d 无持续杀菌能力

与常用的加热高温消毒一样，紫外线消毒技术属于物理及瞬间消毒技术，经紫外线消毒后的水体容易受到再次的污染，因此紫外线消毒后的水必须尽快地使用。

对自来水消毒而言，世界许多国家采用紫外线消毒再加消毒工艺。即自来水厂采用紫外线做前置、中置消毒同时除藻工艺，进市政管网前加入少量氯气，维持自来水在市政管网内不受再次污染。

C 紫外线消毒的注意事项

a Ⅴ型以下的单村集中供水厂选择紫外线消毒时，应注意的事项

（1）配水管网应较短且卫生防护条件较好。

（2）进水水质，除微生物外的其他指标均应符合GB 5749—2006的要求。

b 紫外线消毒设计时应注意的事项

（1）紫外线消毒设备选型，应根据水泵（或管道）的设计流量确定，紫外灯可选择低压灯，紫外线有效剂量不应低于40mJ/cm^2，宜优先选择具有对石英套管清洗功能、累计开机时间功能的设备。

（2）紫外线消毒设备，应安装在水厂的供水总管上。

（3）紫外线消毒设备的控制应与供水水泵机组联动。

4.2.1.5 膜滤菌

能用于饮用水处理的膜工艺有微滤、超滤、纳滤和反渗透。微滤主要去除悬浮物和细菌，超滤可分离大分子有机物和病毒，纳滤和反渗透可去除细菌、病毒和热源。膜技术不仅能滤除细菌、病毒、微粒和胶体，能去除氯消毒无法杀灭的隐孢子卵囊，不产生任何副产物，也无死菌残体留在滤出水中，而且能滤除微生物生长繁殖的营养基质，防止细菌的再生长。但是膜技术不能解决管网中的二次污染物和致病微生物问题，必须配套预处理、定期清洗和管网水消毒。

超滤可用于二次供水消毒，管网较短的农村地下水供水，也可用此法截留微生物和浊度。

4.2.2 预沉、粗滤和慢滤

4.2.2.1 预沉

当原水含沙量变化较大或浊度经常超过500NTU时，宜采用天然池塘或人工水池进行自然沉淀；自然沉淀不能满足要求时，可投加混凝剂或助凝剂加速沉淀。

自然沉淀池应根据沙峰期原水悬浮物含量及其组成、沙峰持续时间、水源保证率、排泥条件、设计规模、预沉后的浊度要求、地形条件、原水沉淀试验并参照相似条件下的运行经验进行设计。

预沉的设计参数为：预沉时间可为8~12h，有效水深宜为1.5~3.0m，池顶超高不宜小于0.3m，池底设计存泥高度不宜小于0.3m，出水浊度应小于500NTU。

设计时应考虑清淤措施，自然沉淀池宜分成两格并设跨越管。当水源保证率较低时，自然沉淀池可兼作调蓄池，有效容积应根据水源枯水期可供水量和需水量等确定。

4.2.2.2 粗滤

（1）当原水浊度超过20NTU、采用慢滤池处理原水时，需在慢滤池前增加粗滤池。

（2）原水含砂量常年较低时，粗滤池宜设在取水口；原水含砂量常年较高或变化较大时，粗滤池宜设在预沉池后。

（3）粗滤池设计参数为：进水浊度应小于500NTU；出水浊度应小于20NTU。设计滤速宜为0.3~1.0m/h，原水浊度高时取低值。

（4）粗滤池构筑物形式分为平流和竖流（上向流或下向流）两种，选择时应根据地理位置，通过技术经济比较后确定。

（5）竖流粗滤池宜采用二级串联，滤料表面以上水深0.2~0.3m，保护高0.2m。上向流粗滤池底部应设配水室、排水管和集水槽。滤料宜选用卵石或砾石，顺水流方向由大到小按三层铺设，其粒径与厚度应符合表4-2的规定。

表4-2 竖流粗滤池滤料组成

粒径/mm	厚度/mm	粒径/mm	厚度/mm
4~8	200~300	16~32	450~500
8~16	300~400		

（6）平流粗滤池宜由三个相连的卵石或砾石室组成，其粒径与池长应符合表4-3规定。

表 4-3 平流粗滤池滤料组成与池长

卵石或砾石室	粒径/mm	池长/mm
室 1	16~32	2000
室 2	8~16	1000
室 3	4~8	1000

4.2.2.3 慢滤

慢滤池构造简单，便于就地取材，通常用砖石砌筑。慢滤池的效率很低，过滤速度一般为 0.1~0.3m/h。慢滤池需 24h 连续运行，要求原水浊度常年低于 20NTU。

慢滤工艺无需加药，截留细菌能力强，能去除部分有机物、氨氮、铁、锰等，出水水质好，操作简单，特别适用于边远山区的山溪水、山泉水、居住分散的单村供水工程。滤速一般采用 0.1~0.3m/h，原水浊度高时取低值。滤料宜采用石英砂，粒径 0.3~1.0mm，滤层厚度 800~1200mm。滤料表面以上水深宜为 1.0~ 1.2m；池顶应高出水面 0.3m、高出地面 0.5m。承托层宜为卵石或砾石，自上而下分五层铺设，各层粒径和厚度应符合表 4-4 的规定。

表 4-4 慢滤池承托层尺寸表

项目	承托层（自上而下）				
	第一层	第二层	第三层	第四层	第五层
粒径/mm	1~2	2~4	4~8	8~16	16~32
厚度/mm	50	100	100	100	100

滤池面积小于 15m^2时，可采用底沟集水，集水坡度为 1%；当滤池面积较大时，可设置穿孔集水管，管内流速宜采用 0.3~0.5m/s。

慢滤池出口应有控制滤速的措施，可设可调堰或在出水管上设控制阀和转子流量计。

慢滤池有效水深以上应设溢流管；池底应设排空管。慢滤池应分格，格数不宜少于 2 个。北方地区应采取防冻和防风砂措施，南方地区应采取防晒措施。

4.2.3 混凝剂和助凝剂的选择、投加与混合

混凝剂是在水处理过程中可以将水中的胶体微粒子相互黏结和聚集在一起的物质，通常混凝剂分为有机混凝剂和无机混凝剂两大类。混凝的过程就是在水处理的过程中加入药剂，使杂质产生凝聚、絮凝的过程。

助凝剂是用于调节或改善混凝条件，促进凝聚作用所添加的药剂或为改善絮

凝体结构的高分子物质。前者如磷酸、石灰等（可调整 pH 值），后者如聚丙烯酰胺、活化硅酸（或称活性硅土）、骨胶、海藻酸钠以及各种聚合电解质，可使其与混凝剂结合生成较大、较坚固、密实絮体。助凝剂能促使沉淀加速；在微凝絮间起黏结架桥作用，使凝絮体增大、表面积增加，充分发挥吸附卷带作用以提高澄清效果。在废水的混凝处理中，单独使用混凝剂不能取得良好效果时，常使用助凝剂以达到目的。

4.2.3.1 混凝剂和助凝剂的选择

混凝剂和助凝剂品种的选择及其用量，应根据原水悬浮物含量及性质、pH 值、碱度、水温、色度等水质参数，原水凝聚沉淀试验或相似条件水厂的运行经验，结合当地药剂供应情况和水厂管理条件，通过技术经济比较确定，按以下原则选择：

（1）混凝剂可选用聚合氯化铝、硫酸铝、三氯化铁、明矾等。

（2）高浊度水可选用聚丙烯酰胺作助凝剂。

（3）低温低浊水可选用聚丙烯酰胺或活化硅酸作助凝剂。

（4）当原水碱度较低时，可采用氢氧化钠或石灰乳液作助凝剂。

4.2.3.2 混凝剂和助凝剂的投加

混凝剂宜采用湿投。溶液浓度可采用 1%~5%（按固体质量计算）；配置药剂的时间间隔应符合产品说明书的要求，最长不超过 1d。

混凝剂用量较大时，溶解池宜设在地下；混凝剂用量较小时，溶解池可兼做投药池。可采用机械、水力或人工等搅拌方式溶解药剂。投药池宜设两个，轮换使用；投药池容积应根据药剂投加量和投配浓度确定。

与药剂接触的池内壁和地坪应进行防腐处理；与药剂接触的设备、管道应采用耐腐蚀产品。

投药点和投加方式应满足混合要求，可选择重力投加到泵前的吸水管中或喇叭口处，或重力投加到絮凝前专设的机械混合池中，也可采用计量泵压力投加到混合装置前。

加药系统应根据最不利原水水质条件下的最大投加量确定，并设指示瞬时投加量的计量装置和采取稳定加注量的措施。

药剂的配置和投加，可采用一体化的搅拌加药机。

加药间应有保障工作人员卫生安全的劳动保护措施；应设冲洗、排污、通风等设施；室内地坪应有排水坡度。

4.2.3.3 混凝剂和助凝剂的混合

混合方式可采用离心泵混合、管道混合器混合或机械混合池混合等；药剂和原水应急剧、充分的混合，混合时间不应大于30s；投加点到起始净水构筑物的距离不应超过120m，混合后的原水在管（渠）内停留的时间不应超过120s。

4.2.4 絮凝、沉淀

絮凝是指（通过添加适当的絮凝剂）使水或液体中悬浮微粒集聚变大，或形成絮团，从而加快粒子的聚沉，达到固-液分离的目的。絮凝池是指完成絮凝过程的净水池，为创造合适的水力条件使具有絮凝性能的颗粒在相互接触中聚集，以形成较大的絮凝体（絮粒）。絮凝池设计是否恰当，关系到絮凝的效果，而絮凝的效果又直接影响后续处理的沉淀效果。

沉淀是指在重力作用下悬浮固体从水中分出的过程。沉淀池是利用水的自然沉淀或混凝沉淀的作用来除去水中悬浮物的一种构筑物，沉淀效果决定于沉淀池中水的流速和水在池中的停留时间。

澄清是利用原水中悬浮颗粒与池中已积聚的活性泥渣相互碰撞接触、吸附结合，然后与水分分离的过程。澄清池是综合混凝和泥水分离作用，在一个池内完成上述工艺过程的净水构筑物。

目前农村水厂采用较多的是水力循环澄清池。

气浮是固液分离的一种方法，即向水中加入空气，使空气以微小气泡形式向水面上浮，在气泡上浮过程中将水中悬浮杂质吸附在气泡表面一同上浮，然后去除。

气浮池是指一种主要是运用大量微气泡吸附细小颗粒胶黏物使之上浮，达到固液分离的效果的构筑物。

4.2.4.1 絮凝、沉淀工艺设计的一般要求

絮凝池、沉淀池或澄清池形式的选择，应根据原水水质、设计生产能力、出水水质要求、水温、是否连续运行等因素，结合当地条件通过技术经济比较确定。

（1）进水压力较高或变化较大时，宜在絮凝池（或机械搅拌澄清池）前设稳压井；絮凝池已与沉淀池合建；选用澄清池时，应能保证连续运行。

（2）沉淀池、澄清池应能均匀的配水和集水；出水浑浊度应小于5NTU。

（3）沉淀池和澄清池的个数或能够单独排空的分格数不宜少于2个。

（4）沉淀池积泥区和澄清池沉泥浓缩室（斗）的容积，应根据进水的悬浮物含量、设计规模、排泥周期和浓度等因素通过计算确定。

（5）絮凝池、沉淀池和澄清池应有排泥设备。

（6）澄清池应设取样装置。

4.2.4.2 絮凝池的设计要求

A 穿孔旋流絮凝池

（1）絮凝时间宜为15~25min。

（2）絮凝池孔口应做成渐缩形式，孔口流速应按由大到小的渐变流速设计，起始流速宜为0.6~1.0m/s，末端流速宜为0.2~0.3m/s。

（3）每格孔口应做上、下对角交叉布置。

（4）每组絮凝池分格数不宜少于6格。

（5）每格内壁的拐角处应做成导角。

B 栅条、网格絮凝池

（1）宜设计成多格竖流式。

（2）絮凝时间宜为12~20min，用于处理低温或低浊水时，絮凝时间可适当延长。

（3）絮凝池竖井流速、过栅（过网）和过孔流速应分三段，各流速应满足表4-5要求。

表4-5 栅条、网格絮凝池各段流速

单元	流速范围/$m \cdot s^{-1}$		
	前段	中段	末段
竖井	0.12~0.14		0.10~0.14
过栅（过网）	0.25~0.30	0.22~0.25	不安放栅条
竖井之间孔洞	0.20~0.30	0.15~0.20	0.10~0.14

（4）絮凝池宜布置成两组或多组并联形式。

（5）絮凝池内应有排泥设施。

C 隔板絮凝池

（1）絮凝时间宜为20~30min。

（2）廊道流速应按由大到小的渐变流速进行设计，起始流速宜为0.5~0.6m/s，末端流速宜为0.2~0.3m/s。

（3）隔板间净距宜大于0.5m。

（4）隔板转弯处的过水断面面积应为廊道过水断面面积的1.2~1.5倍。

D 折板絮凝池

（1）絮凝时间宜为8~15min。

（2）絮凝过程中的流速应逐段降低，分段数不宜少于三段，第一段流速可为0.25~0.35m/s，第二段流速可为0.15~0.25m/s，第三段流速可为0.10~0.15m/s。

（3）折板夹角可为90°~120°。

4.2.4.3 沉淀池的设计要求

A 上向流斜管沉淀池

（1）斜管沉淀区液面负荷，应按相似条件下的运行经验确定，可采用5.0~

9.0m³/(m²·h)。

（2）斜管设计可采用下列数据：斜管管径为30~40mm，斜管长为1.0m，倾角为60°。

（3）清水区保护高度不宜小于1.0m，底部配水区高度不宜小于1.5m。

B　平流沉淀池

（1）沉淀时间，应根据原水水质、水温等，参照相似条件水厂的运行经验确定，宜为2.0~3.0h。

（2）水平流速可采用10~20mm/s，水流应避免过多转折。

（3）有效水深，可采用2.5~3.5m，沉淀池每格宽度（或导流墙间距）宜为3~8m，长宽比不应小于4，长深比不应小于10。

（4）宜采用穿孔墙配水和溢流堰集水。穿孔墙距进水端池壁的距离不应小于1m，同时在沉泥面以上0.3~0.5m处至池底的墙不设孔眼；溢流堰的溢流率不宜大于300m³/(m·d)。

4.2.4.4　澄清池的设计要求

A　机械搅拌澄清池

（1）清水区的上升流速，应按相似条件下的运行经验确定，通常可采用0.7~1.0mm/s，处理低温低浊原水时可采用0.5~0.8mm/s。

（2）水在池中的总停留时间可采用1.2~1.5h，第一絮凝室与第二絮凝室停留时间宜控制在20~30min。

（3）搅拌叶轮提升流量可为进水流量的3~5倍，叶轮直径可为第二絮凝室内径的70%~80%，并应设调整叶轮转速和开启度的装置。

（4）机械搅拌澄清池是否设置刮泥装置，应根据池径大小、底坡大小、进水悬浮物含量及其颗粒组成等因素确定。

B　水力循环澄清池

（1）泥渣回流量可为进水量的2~4倍，原水浊度高时取下限。

（2）清水区的上升流速宜采用0.7~0.9mm/s，当原水为低温低浊时，上升流速应适当降低，清水区高度宜为2~3m，超高宜为0.3m。

（3）第二絮凝室有效高度，宜采用3~4m。

（4）喷嘴直径与喉管直径之比可为1∶3~1∶4，喷嘴流速可为6~9m/s，喷嘴水头损失可为2~5m，喉管流速可为2.0~3.0m/s。

（5）第一絮凝室出口流速宜采用50~80mm/s；第二絮凝室进口流速宜采用40~50mm/s。

（6）水在池中的总停留时间可采用1.0~1.5h，第一絮凝室为15~30s，第二絮凝室为80~100s。

（7）斜壁与水平面的夹角不应小于45°。

（8）为适应原水水质变化，应有专用设施调节喷嘴与喉管进口的间距。

4.2.4.5 气浮池的设计要求

（1）气浮池宜用于浑浊度长期低于100NTU及含有藻类等密度小的悬浮物的原水；可采用加压溶气气浮、微孔布气气浮或叶轮碎气气浮等，目前普遍采用的是加压溶气气浮池，加压溶气气浮池的设计要求。

（2）接触室的上升流速可采用10~20mm/s，分离室的向下流速可采用1.5~2.5mm/s。

（3）单格宽度不宜超过10m，池长不宜超过15m，有效水深可采用2.0~3.0m。

（4）溶气罐的压力及回流比，应根据原水气浮试验情况或参照相似条件下的运行经验确定，溶气压力可为0.2~0.4MPa；回流比可为5%~10%。溶气释放器的型号及个数应根据单个释放器在选定压力下的出流量及作用范围确定。

（5）压力溶气罐的总高度可为3.0m，罐内的填料高度宜为1.0~1.5m，罐的截面水力负荷可为100~150$m^3/(m^2/h)$。

（6）气浮池应有刮、排渣设施；刮渣机的行车速度不宜大于5m/min。

4.2.5 过滤

4.2.5.1 过滤机理

过滤主要是悬浮颗粒与滤料颗粒之间黏附作用的结果。原水不经沉淀而直接进入滤池过滤称“直接过滤”。直接过滤充分体现了滤层中特别是深层滤料中的接触凝聚或絮凝的作用。直接过滤有两种形式：接触过滤原水经加药后直接进入滤池过滤，滤前不设任何絮凝设备。微絮凝过滤滤池前设一简易微絮凝池，原水加药混合后先经微絮凝池，形成粒径相近的微絮粒后（粒径大致在40~60μm左右）即刻进入滤池过滤。微絮凝时间一般较短，通常在几分钟之内。

4.2.5.2 滤池设计的基本要求

（1）滤池出水水质，经消毒后，应符合《生活饮用水卫生标准》GB 5749—2006的要求。

（2）滤池形式的选择，应根据设计生产能力、进水水质和工艺流程中的高程要求等因素，结合当地条件，通过技术经济比较确定。

（3）滤池格数或个数及其面积，应根据生产规模、运行维护等条件通过技术经济比较确定，但格数或个数不应少于两个。

（4）滤料可采用石英砂、无烟煤等，其性能应符合相关的净水滤料标准。

（5）滤速及滤料的组成，按正常情况下的滤速设计，应符合表 4-6 的规定，滤池应并已检修情况下的强制滤速校核。

表 4-6　滤料性质及滤池滤速

类　别		滤料性质				正常滤速 /m·h^{-1}	强制滤速 /m·h^{-1}
		粒径/mm		不均匀系数 K_{80}	厚度 /mm		
		d_{min}	d_{max}				
石英砂滤料过滤		0.5	1.2	<20	700	6~7	7~10
双层滤料	无烟煤	0.8	1.8	<20	300~400	7~10	10~14
	石英砂	0.5	1.2	<20	400		

（6）滤池工作周期，宜采用 12~24h。

（7）水洗滤池的冲洗强度和冲洗时间，宜按表 4-7 的规定设计。

表 4-7　水洗滤池的冲洗强度及冲洗时间（水温为 20℃时）

类　别	冲洗强度/L·(s·m^2)$^{-1}$	膨胀率/%	冲洗时间/min
石英砂滤料过滤	15	45	7~5
双层滤料	16	50	8~6

（8）每个滤池应设取样装置。

4.2.5.3　接触滤池的设计要求

原水投加混凝剂后，不经沉淀或澄清而直接进行过滤的滤池称为接触滤池，这种滤池所用的量一般为双层滤料，即无烟煤和石英砂，原水投加混凝剂后的絮凝主要在无烟煤的孔隙中完成。接触滤池的设计要求如下。

（1）适用于浑浊度长期低于 20NTU，短期不超过 60NTU 的原水，滤速宜采用 6~7m/h。

（2）接触滤池宜采用双层滤料，并应符合表 4-8 要求。

表 4-8　接触滤池滤料组成及滤速

滤料名称	滤料粒径/mm		不均匀系数 K_{80}	滤料厚度/mm
	d_{min}	d_{max}		
石英砂	0.5	1.0	1.8	400~600
无烟煤	1.2	1.8	1.5	400~600

（3）滤池冲洗前的水头损失，宜采用 2.0~2.5m，滤层表面以上的水深可为 2m。

（4）滤池冲洗强度宜为 15~18L/(s·m^2)，冲洗时间宜为 6~9min，滤池膨

胀率宜为 40%~50%。

4.2.5.4 普通快滤池的设计要求

普通快滤池是以石英砂作滤料的四阀式滤池，其设计要求如下：

(1) 冲洗前的水头损失可采用 2.0~2.5m，每个滤池应设水头损失量测计。

(2) 滤层表面以上的水深宜为 1.5~ 2.0m，池顶超高宜采用 0.3m。

(3) 采用大阻力配水系统时，承托层组成和厚度应符合表 4-9 要求。

表 4-9 普通快滤池大阻力配水系统承托层粒径和厚度

层次（自上而下）	粒径/mm	承托层厚度/mm
1	2~4	100
2	4~8	100
3	8~16	100
4	16~32	本层顶面高度应高出配水系统孔眼 100

(4) 普通快滤池宜采用大阻力或中阻力配水系统，大阻力配水系统孔眼总面积与滤池面积之比为 0.20%~0.28%，中阻力配水系统孔眼总面积与滤池面积之比为 0.6%~0.8%。

(5) 大阻力配水系统应按冲洗流量设计，干管始端流速宜为 1.0~1.5m/s，支管始端流速宜为 1.5~2.0m/s，孔眼流速宜为 5~6m/s；干管上应设通气管。

(6) 洗砂槽的平面面积不应大于滤池面积的 25%，洗砂槽底到滤料表面的距离应等于滤层冲洗时的膨胀高度。

(7) 滤池冲洗水的供给方式可采用冲洗水泵或高位水箱，水泵的能力或水箱有效容积应按单格滤池冲洗水量选用。

(8) 普通快滤池应设进水管、出水管、冲洗水管和排水管，每种管道上应设控制阀，进水管流速宜为 0.8~1.2m/s，出水管流速宜为 1.0~1.5m/s，冲洗水管流速宜为 2.0~2.5m/s，排水管流速宜为 1.0~1.5m/s。

4.2.5.5 重力式无阀滤池的设计要求

重力式无阀滤池是在普通快滤池基础上改进的一种滤池。其主要特点是省去了大型闸阀，利用虹吸的原理使滤池进行正常的运转，无需外接水源进行反冲洗，具备滤池运转全部的功能，不需要经常管理等。因而在农村中小型水厂中较广泛地被采用。重力式无阀滤池的要求如下：

(1) 每座滤池应设单独的进水系统，并有防止空气进入滤池的措施。

(2) 冲洗前的水头损失可采用 1.5m。

(3) 滤料表面以上的直壁高度，应等于冲洗时滤料的最大膨胀高度加上保护高度。

（4）无阀滤池应采用小阻力配水系统，其孔眼总面积与滤池面积之比为1.0%~1.5%。

（5）冲洗水箱应位于滤池顶部，当冲洗水头不高时，可采用小阻力配水系统。

（6）承托层的材料及组成与配水方式有关，各种组成形式可按表4-10选用。

表4-10　重力式无阀滤池承托层的材料及组成

配水方式	承托层材料	粒径	厚度/mm
滤板	粗砂	1~2	100
格栅	砂石	1~2 2~4 4~8 8~16	80 70 70 80
尼龙网	砂卵石	1~2 2~4 4~8	每层50~100
滤头	粗砂	1~2	100

（7）无阀滤池应设辅助虹吸措施，并设有调节冲洗强度和强制冲洗的装置。

4.2.5.6　虹吸滤池的设计要求

虹吸滤池适用于较大规模的农村供水工程，具有无需大型阀门、无需冲洗水泵和水箱，易于自动化操作等特点，其设计要求如下。

（1）虹吸滤池的分格数，应按滤池在低负荷运行时仍能满足一格滤池冲洗水量的要求确定。

（2）虹吸滤池宜采用小阻力配水系统，其孔眼总面积与滤池面积之比为1.0%~1.5%。

（3）冲洗前的水头损失可采用1.5m。

（4）冲洗水头应通过计算确定，宜采用1.0~1.2m，并应有调整冲洗水头的措施。

（5）进水虹吸管流速宜采用0.6~1.0m/s；排水虹吸管流速宜采用1.4~1.6m/s。

4.2.6　一体化净水器

净水器是20世纪80年代初在国内发展起来的一种小型净水装置。

净水器体积小、占地少，且运输方便。大部分净水器将多道工序组合于一

体，减少了许多阀门，有些净水器设计成了可以拆卸、现场组装，为边远山区村镇的运输提供了方便。

小型集中供水工程，原水（或经预沉后）浊度较低且变化较小时，可选择一体化净水器。

原水浊度长期不超过 500NTU、瞬时不超过 1000NTU 时，可选择将絮凝、沉淀、过滤等工艺组合在一起的一体化净水器。

原水浊度长期不超过 20NTU、瞬时不超过 60NTU 时，可选择接触过滤工艺的压力式净水器。

净水器应具有良好的防腐性能，设计使用年限不宜低于 15 年。

压力式净水器，应设排烟阀、排水阀和压力表，并有更换和补充滤料的条件；应按工作压力的 1.5 倍选择压力式净水器。

4.2.7　超滤

4.2.7.1　超滤的原理

超滤是介于微滤和纳滤之间的一种膜的过程，膜孔径范围为 0.05μm（接近微滤）至 1nm（接近纳滤）。超滤的典型应用是从溶液中分离大分子物质（如细菌）和胶体，通常认为，所能分离的溶质分子量下限为几千道尔顿。超滤膜是多孔的，其截留取决于膜的过滤孔径和溶质的大小、形状。溶剂的传递正比于操作压力。

4.2.7.2　超滤在农村供水工程中的应用

我国农村饮水安全的主要问题是微生物指标和浊度指标。采用超滤对水源水进行过滤后，过滤水的微生物和浊度均能达到《生活饮用水卫生标准》GB 5749—2006 的要求。这种纯物理的分离方法无需加药，不污染环境，且成本低、易管理，并可长期保障饮水质量。

4.2.7.3　超滤过滤设计要求

A　一般要求

（1）选用的超滤膜应亲水性好、通量大、抗污染能力强、过滤压差低，膜通量应根据原水水质、水温等确定。

（2）有机物、铁、锰超标的原水应进行氧化处理后方可进入超滤膜过滤。

（3）超滤膜过滤，小型集中供水工程宜分成 1~2 个单元，规模化供水工程宜分成 2~4 个单元。超滤净水工艺应设反洗系统、化学清洗系统，反洗系统和化学清洗系统的规模可按 1 个过滤单元进行设计，各单元可轮流进行反洗和化学清洗。

（4）超滤膜的化学清洗周期宜为4~6个月；化学清洗应包括碱洗（0.5%~1% NaOH）、酸洗（0.2%~0.5%盐酸或2%柠檬酸）和消毒（$200\times10^{-6}\sim1000\times10^{-6}$次氯酸钠），其中，碱洗和酸洗宜为4~6h，碱洗与消毒可同步进行。

（5）超滤膜净水工艺宜设计成自动化控制系统。

B　内压—管式超滤膜过滤设计要求

（1）原水浊度长期不超过20NTU、短期不超过60NTU时，可在膜前设“加药-混合-微絮凝”预处理措施；原水浊度长期超过20NTU时，宜在膜前设“加药-混合-絮凝-沉淀”预处理措施。

（2）运行跨膜压差宜为2~8m，最大反冲洗跨膜压差宜为20m。

（3）过滤周期宜为30~60min，过滤膜通量宜为40~80L/($m^2\cdot h$)。

（4）反洗流量宜为过滤流量的2~3倍，反洗时间宜为20~120s；当进水浊度较高时，宜在反洗前进行10~30s的顺冲，顺冲流量宜为1.5~2倍的过滤流量。

（5）系统的原水回收率设计不宜低于90%。

C　外压—浸没式超滤膜过滤设计要求

（1）原水浊度长期不超过50NTU，短期不超过200NTU时，可采用“加药-混合-絮凝”预处理措施；原水浊度长期超过50NTU时，宜采用“加药-混合-絮凝-沉淀”预处理措施。

（2）过滤周期宜为1~3h，过滤膜通量宜为20~40L/($m^2\cdot h$)。

（3）超滤膜的抽吸工作压力宜为60~0kPa。

（4）超滤膜组件应安装在膜滤池内。

（5）反洗流量宜为过滤流量的2~3倍，反洗时膜底部宜辅以曝气，反洗时间宜为30~120s，反洗后应排空膜池内的废水。

4.3　特殊水处理技术

4.3.1　地下水除铁和除锰

4.3.1.1　工艺选择

（1）当原水含铁量低于2.0~5.0mg/L（北方采用2.0mg/L、南方采用5.0mg/L）、含锰量低于1.5mg/L时，工艺可采用：原水曝气→单级过滤除铁除锰。

（2）当原水含铁量或含锰量超过上述数值且二价铁易被空气氧化时，工艺可采用：原水曝气→一级过滤除铁→二级过滤除锰。

（3）当除铁受硅酸盐影响或二价铁空气氧化较慢时，工艺可采用：原水氧化→一级过滤除铁→曝气→二级过滤除锰。

4.3.1.2 曝气装置的设计要求

曝气装置应根据原水水质、曝气程度要求，通过技术经济比较选定，可采用跌水、淋水、射流曝气、压缩空气、叶轮式表面曝气、板条式曝气塔或接触式曝气塔等装置，其设计要求如下：

（1）采用跌水装置时，可采用1~3级跌水，每级跌水高度为0.5~1.0m，单宽流量为20~50m³/(h·m)。

（2）采用淋水装置（穿孔管或莲蓬头）时，孔眼直径可为4~8mm，孔眼流速为1.5~2.5m/s，距水面安装高度为1.5~2.5m。采用莲蓬头时，每个莲蓬头的服务面积为1.0~1.5m²。

（3）采用射流曝气装置时，其构造应根据工作水的压力、需气量和出口压力等通过计算确定，工作水可采用全部、部分原水或其他压力水。

（4）采用压缩空气曝气时，每立方米水的需气量（以L计）宜为原水中二价铁含量（以mg/L计）的2~5倍。

（5）采用板条式曝气塔时，板条层数可为4~6层，层间净距为400~600mm。

（6）采用接触式曝气塔时，填料可采用粒径为30~50mm的焦炭块或矿渣，填料层层数可为1~3层，每层填料厚度为300~400mm，层间净距不小于600mm。

（7）淋水装置、板条式曝气塔和接触式曝气塔的淋水密度，可采用5~10m³/(h·m²)。淋水装置接触水池容积，可按30~40min处理水量计算；接触式曝气塔底部集水池容积，可按15~20min处理水量计算。

（8）采用叶轮式表面曝气装置时，曝气池容积可按20~40min处理水量计算；叶轮直径与池长边或直径之比可为1∶6~1∶8，叶轮外缘线速度可为4~6m/s。

（9）当曝气装置设在室内时，应考虑通风设施。

4.3.1.3 滤池的设计要求

（1）除铁除锰滤池滤料宜采用天然锰砂或石英砂等，其滤速和滤料应满足表4-11。

表4-11 滤池滤速和滤料组成

滤料类别	粒径/mm		厚度/mm	滤速/m·h⁻¹
	d_{min}	d_{max}		
天然锰砂	0.6	1.2~2.0	800~1200	5~7
石英砂	0.5	1.2		

（2）滤池宜采用大阻力配水系统，当采用锰砂滤料时，承托层的顶面两层应改为锰矿石。

（3）滤池的冲洗强度、膨胀率和冲洗时间可按表4-12确定。

表4-12　除铁除锰滤池的冲洗强度、膨胀率和冲洗时间

滤料种类	滤料粒径 /mm	冲洗方式	冲洗强度 /L·(s·m^2)$^{-1}$	膨胀率 /%	冲洗时间 /min
石英砂	0.5~1.2	无辅助冲洗	13~15	30~40	>7
锰砂	0.6~1.2		18	30	10~15
锰砂	0.6~1.5		20	25	10~15
锰砂	0.6~2.0		22	22	10~15
锰砂	0.6~2.0	有辅助冲洗	19~20	15~20	10~15

4.3.2　地下水除氟

4.3.2.1　混凝沉淀法

混凝沉淀法是在含氟废水中投加凝聚剂，如聚合氯化铝、三氯化铝、硫酸铝等。经混合絮凝形成的絮体吸附水中氟离子，再经沉淀和过滤而除氟。混凝沉淀法适用于含氟量小于4mg/L，处理水量小于30m^3/d的小型除氟工程，其工艺流程如图4-1所示。

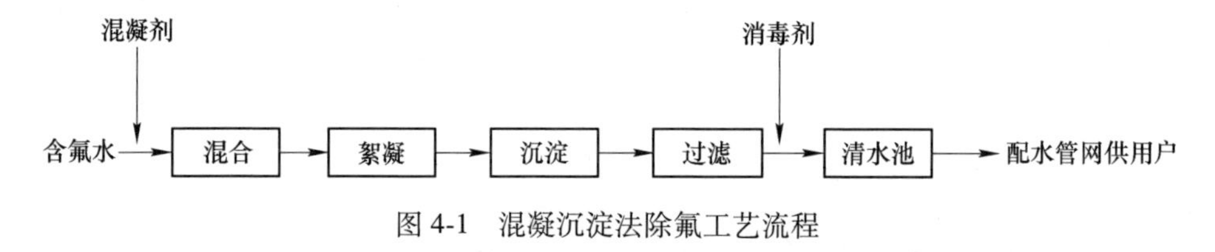

图4-1　混凝沉淀法除氟工艺流程

采用混凝沉淀法除氟应进行原水试验，根据试验选择对氟化物高效的混凝剂，确定混凝剂投加量和需要的沉淀时间等工艺参数。

混凝剂及其投加量的选择，应不造成处理后水中铝指标的超标。

间歇运行的小水厂可采用静止沉淀澄清的方式，其他可采用沉淀、过滤的方式。

4.3.2.2　吸附法

吸附法除氟工艺设计应符合下列要求：

（1）吸附滤料应耐磨损并有卫生检验合格证明，不应选择可能对原水造成其他指标超标的吸附滤料。

（2）应进行原水试验，根据试验选择可高效吸附氟化物，且对氟化物具有较好选择性的吸附滤料，根据试验确定吸附滤料的吸附性能及原水水质对吸附能力的影响因子。吸附性能试验宜连续进行不少于3个“吸附-饱和-再生”周期，根据性能稳定后的试验结果确定吸附滤料的有效吸附能力、空床接触时间和再生周期。

（3）应配套吸附滤料再生设施。再生剂及再生工艺应根据吸附滤料特性确定，再生周期应根据吸附性能试验结果和管理要求确定。

（4）吸附滤池的滤速和吸附滤料的填充高度应根据供水规模、滤料的有效吸附能力、需要的空床接触时间和再生周期要求等确定。

（5）当原水中某些指标对吸附能力影响较大且去除成本较低时，应增加预处理措施。当原水 $pH>8.0$ 时，可在原水进入吸附滤池前加酸、提高吸附滤料的吸附能力，加酸量应控制吸附滤池出水的 $pH>6.5$。

（6）吸附滤池的进、出水浊度应小于1NTU，必要时应在吸附滤池的前后增加过滤池。

（7）吸附滤池应有防止吸附滤料板结的松动措施。

4.3.2.3 反渗透法

反渗透（简称RO）适用足够的压力使水透过反渗透膜而不允许溶质透过半透膜，从而达到分离的过程，称为反渗透。反渗透法除氟，可采用如图4-2工艺流程。

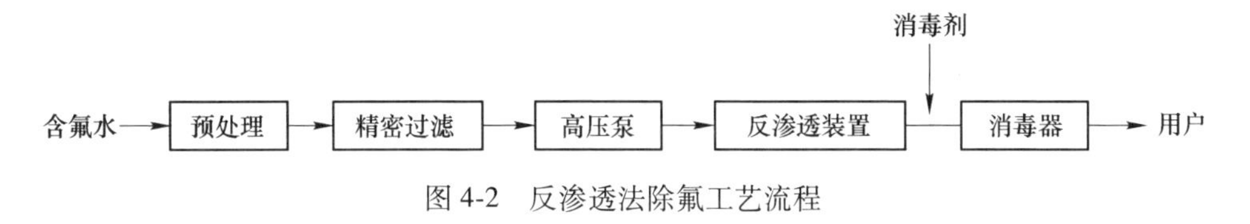

图4-2 反渗透法除氟工艺流程

在进入反渗透前，必须对原水进行预处理。地下水的预处理可直接采用砂滤（多介质过滤）、精密过滤；也可采用超滤、微滤等膜法预处理工艺。

反渗透工艺中主要有以下配套设备：

（1）砂滤或多介质过滤：用以去除水中悬浮物和胶体颗粒。

（2）精密过滤：也称为保安过滤，内有5~10μm滤芯，主要去除微细的胶体颗粒。

（3）高压泵：主要作用加压使水透过反渗透膜。

（4）加药泵：加酸清洗反渗透膜；加阻垢剂防止膜面阻塞。

4.3.3 苦咸水脱盐

反渗透（RO）是以压力为推动力，通过选择性膜，将溶液中的溶剂和溶质

分离的技术。苦咸水淡化可采用反渗透工艺，图 4-3 是一典型的苦咸水反渗透脱盐生产饮用水工艺流程。

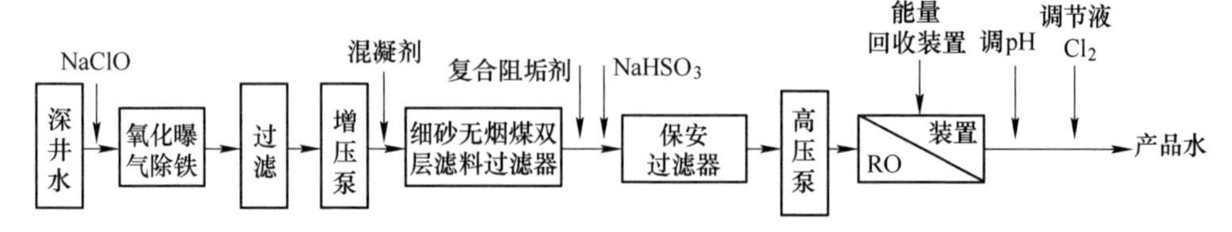

图 4-3 苦咸水反渗透处理工艺流程

进入反渗透膜的原水浊度应小于 0.5NTU。为保证水处理系统长期安全、稳定的运行，在进入反渗透前，应预先去除进水中的悬浮物、胶体、微生物、有机物、游离性余氯和重金属。

应根据原水水质配备砂滤罐、保安过滤器和阻垢设施等对原水进行预处理。

反渗透出水需加氢氧化钠或石灰，或加适当比例的原水，调节 pH 值至中性。此外，还需投加消毒剂作为后处理。

反渗透脱盐系统，宜采用低压反渗透膜；应配备膜清洗系统，膜前和膜后应配备压力、流量、电导率等在线检测仪表。

4.3.4 地下水除砷

《生活饮用水卫生标准》（GB 5749—2006）中规定，当水中砷含量超过 0.01mg/L 或者供水工程规模不大于 $1000m^3$，砷含量超过 0.05mg/L 时，应进行除砷处理。

高砷地下水宜采用吸附法处理，可采用负载有铁锰复合氧化物或铁氧化物的吸附滤料，不应选择再生困难，以及可能对原水造成其他指标超标影响的吸附滤料，选择的吸附滤料应符合卫生要求。

吸附法除砷工艺设计要点如下：

（1）宜进行原水试验，根据试验选择高效的吸附滤料，确定吸附滤料的有效吸附能力、需要的接触时间和再生周期等工艺参数。

（2）应配套吸附滤料再生设施。再生剂及再生工艺，应根据吸附滤料特性确定；再生周期，应根据吸附性能试验结果和管理要求确定。

（3）吸附滤池的滤速和吸附滤料的填充高度，应根据供水规模、滤料的有效吸附能力和需要的接触时间，以及再生时间要求等确定。

（4）吸附滤池的进、出水浊度应低于 1NTU，必要时可在吸附滤池的前后增加过滤池。

（5）吸附滤池应有防止吸附滤料板结的松动措施。

4.3.5 微污染地表水处理

微污染地表水，可采用化学预氧化、生物预处理、颗粒活性炭或臭氧氧化一颗粒活性炭过滤深度处理；可采用粉末活性炭应急预处理。

4.3.5.1 化学预氧化

水源污染较轻时，可采用滤前化学预氧化，化学预氧化工艺设计要求如下：

（1）采用滤前投加消毒剂预氧化时，宜减少消毒副产物的产生。

（2）采用高锰酸钾预氧化时应注意：

1）高锰酸钾的投加点应在混凝剂投加点前，且间隔时间不少于3min。

2）高锰酸钾用量应通过试验确定并应精确控制，用于去除有机微污染物、藻和控制臭味的高锰酸钾投加量可为0.5~2.5mg/L。

3）在村镇供水厂，高锰酸钾可采用湿投，溶液浓度可为1%~4%。

4.3.5.2 生物预处理

水源污染较严重，有适宜地形条件时，可采用人工湿地处理；规模较大工程可采用生物预处理池处理。

饮用水生物预处理是指在常规净水工艺前增设生物处理工艺，能有效去除水中的可生物降解有机物，降低消毒副产物的生成，提高水质的生物稳定性，降低后续常规处理的负荷。改善常规处理的运行条件（如降低凝聚剂的投加量、延长过滤周期、减少加氯量等）。生物预处理可以去除原水中80%可生物降解有机物。

生物预处理工艺中采用较多的是生物膜法。用于生物膜法的生物预处理技术主要有生物接触氧化工艺。

生物接触氧化工艺可分为颗粒状填料生物接触氧化法和非颗粒填料生物接触氧化法。

A 颗粒填料生物接触氧化滤池

颗粒填料生物接触氧化池也称为淹没式生物滤池。目前国内生物滤池使用的填料有（陶粒、石英砂、沸石、褐煤、麦饭石、炉渣、焦炭等），其中以陶粒的应用最为成功。

颗粒填料生物接触氧化滤池的小孔，导致出水不均。

设计要点与主要参数如下：

（1）气水比，应根据原水水质的可生物降解有机物（BDOC）、氨氮和溶解氧含量确定。

（2）滤速为4~6m/h。

（3）过滤周期7~15d。

（4）滤池冲洗前水头损失控制为1.0~1.5m。

（5）反冲洗时膨胀率为30%~50%。

（6）反冲洗时按水冲10~15L/(m^2·s)，气水同时冲10~20L/(m^2·s)。

（7）滤池总高度4.5~5.0m，其中填料层高度1500~2000mm。

（8）承托层高度400~600mm。

（9）填料层以上淹没水深1.5~2.0m。

B 轻质填料生物接触氧化滤池填料。采用EPS圆珠滤料，其设计要点如下：

（1）滤池为向上流，适用于浊度100NTU以下的原水。

（2）滤速一般采用6~10m/h，停留时间为30~60min。

（3）曝气强度：轻质滤料所需曝气强度基本与陶粒滤料生物滤池类似。

（4）反冲洗：采用水进行脉冲式反冲洗，冲洗水利用滤池上部的出水。

4.3.5.3 颗粒活性炭吸附或臭氧氧化—颗粒活性炭过滤深度处理

A 颗粒活性炭吸附

已污染的地表水源以及存在污染威胁的地表水源，有条件时宜在常规过滤后，设颗粒活性炭吸附池进行深度处理，颗粒活性炭吸附池设计要求如下：

（1）颗粒活性炭应符合国家现行的净水用颗粒活性炭标准。

（2）进出水蚀度均应小于1NTU。

（3）过流方式，应根据进水水质、构筑物的衔接方式、工程地质和地形条件、重力排水要求等，通过技术经济比较后确定，可采用降流式或升流式。

（4）水与颗粒活性炭层的接触时间应根据现场试验或水质相似水厂的运行经验确定，并不小于7.5min。

（5）滤速可为6~8m/h，炭层厚度可为1.0~1.2m；当有条件加大炭层厚度时，滤速和炭层厚度可根据接触时间要求作适当的相应提高。

（6）冲洗周期应根据进、出水水质和水头损失确定，炭层最终水头损失可为0.4~0.6m；冲洗强度可为13~15L/(s·m^2)，冲洗时间可为8~12min，膨胀率可为20%~25%；冲洗水可采用炭吸附池出水或滤池出水。

（7）宜采用小阻力配水系统，配水孔眼面积与活性炭吸附池面积之比可采用1.0%~1.5%；承托层可采用大-小-大的分层级配形式，粒径级配排列依次为：8~16mm、4~8mm、2~4mm、4~8mm、8~16mm，每层厚度均为50mm。

（8）与活性炭接触的池壁和管道，应采取防电化学腐蚀的措施。

B 臭氧氧化—颗粒活性炭过滤

臭氧—活性炭组合工艺综合了臭氧氧化、活性炭吸附以及臭氧与活性炭联用

的生物作用。臭氧氧化—活性炭过滤是在活性炭滤池前投加臭氧，在臭氧与水接触池中进行臭氧接触氧化反应，使有机污染物氧化降解，其中一小部分变成最终产物 CO_2和 H_2O，减轻后续活性炭滤池的有机负荷。臭氧化水中含有剩余臭氧和充分的氧，使活性炭处于富氧状态，导致好氧微生物在活性炭颗粒表面繁殖生长形成生物膜，通过生物吸附和氧化降解作用，提高了活性炭去除有机物的能力，并延长了使用寿命。

设计要点与参数如下：

a　臭氧投加量

当去除水中臭味为主时，投加量为 1.0~2.5mg/L；去除色度为主时，投加量 2.5~3.0mg/L；去除有机物为主时，投加量为 1.0~3.0mg/L。

b　接触时间

一般采用水力停留时间 10~15min。

4.3.5.4　粉末活性炭吸附工艺应急预处理

原水在短时间内含较高浓度溶解性有机物、有异臭异味或存在污染风险时，可增加粉末活性炭吸附工艺作为应急预处理措施。粉末活性炭吸附工艺设计要求如下：

（1）粉末活性炭投加位置宜根据水处理工艺流程综合考虑确定，并宜加于原水中，经过与水充分混合、接触后，再投加混凝剂。

（2）粉末活性炭的用量根据试验确定，宜为 5~30mg/L。

（3）湿投的粉末活性炭炭浆浓度可采用 1%~5%（按质量分数）。

（4）粉末活性炭的储藏、输送和投加车间，应有防尘、集尘和防火设施。

4.4　窖水水质处理技术

4.4.1　电絮凝技术

电絮凝又称为电混凝，其对污染物作用机理包括气浮、絮凝、电解氧化还原。电絮凝对集蓄雨水中浊度氨氮、UV_{254}、COD 有效地去除效果。当极板间距采用 10mm、极板电压采用 15V、电絮凝时间采用 15min 时，电絮凝对黄土塬地区村镇集蓄雨水处理效果较好，对集雨水中的浊度、氨氮、UV_{254}的去除率达到 95%、63%、48%。

4.4.2　超滤技术

超滤技术具有良好地截留悬浮物和细菌微生物的功能，对浊度和细菌总数以及总大肠菌数等水质指标有非常好的去除效果。超滤膜技术在处理窖水时的主要限制因素是膜污染，可根据不同的窖水水质，通过窖水预处理和膜改性等手段，有效地预防与控制其污染程度，从而保证系统长期有效地运行。

4.4.3 强化混凝技术

针对窖水含浊低温微污染的水质特点，可采用粉末活性炭强化 PAC 混凝处理。粉末活性炭（PAC）具有发达的微孔结构和巨大的比表面积，可有效吸附水中溶解度小、亲水性差、极性弱的微量有机污染物和臭味。采用高锰酸钾预氧化与 PAC 联用强化混凝工艺处理集雨窖水是一种较为高效的处理工艺。高锰酸钾预氧化与 PAC 联用对有机污染的去除具有协同效应，其对浊度和 COD_{Mn} 的去除率高达 98.5%和 56.6%。

4.4.4 纳米 TiO_2 光催化处理技术

西北地区处于高纬度地区，光照时间长，辐射能量高，紫外光照射强烈，有利于光催化剂的利用。TiO_2 光催化氧化技术具有无毒、广谱性杀菌的特点，能有效应用于窖水有机物质的矿化、高价重金属离子的还原以及灭菌消毒。试验表明，夏天日照充足的情况下，在室外对苯酚进行光催化降解，苯酚的初始浓度为 5.0mg/L，降解率可达到 72%，Cr（Ⅵ）的去除率达到 95.88%，细菌的存活率仅为 20%。

4.4.5 粗滤慢滤技术

生物慢滤技术具有运行管理简单、无需投加任何化学药剂、成本低、易于小型化等优点，特别适用于小型供水系统，生物慢滤技术能有效地处理微污染地表水，对水中常见的污染物如浊度、色度、臭味、有机物、氨氮、重金属和细菌等微生物学指标有很多的去除效果。慢滤技术对进水的水质是有要求的，窖水的水质是不能达标的，通过粗滤慢滤结合，先经过粗滤处理后，可减轻慢滤的压力，其水质可以达到慢滤标准。

5 水质监测

5.1 监测点位

5.1.1 水源水水质监测点位

5.1.1.1 监测断面（井）

A 监测断面（井）设置原则

饮用水水源监测断面（井）的布设应考虑以下因素：

（1）代表性。在宏观上反映水系环境特征，微观上反映断面特征，断面位置应能反映环境质量特征，设置时要考虑水文（水文地质）特征、污染源状况。

（2）合理性。尽可能以最少断面获取足够的具有代表性的环境信息。应考虑交通便利，方便样品的采集。

（3）连续性。饮用水水源水质监测断面（井）应该保持稳定，数据应具有连续性，建立动态更新信息数据库，便于分析水质变化趋势。

（4）准确性。应保证水质测定值能够反应饮用水水源真实情况。

B 监测断面（井）设置要求

所有监测断面（井）和垂线均应经当地环境保护行政主管部门审查确认，并在保护区范围图件上标明准确位置，在岸边设置固定标志。同时，用文字说明断面周围环境的详细情况，并配以照片，图文资料均存入断面档案。一般情况下，应在各级保护区分别设置监测断面（井），确认后不宜变动。确需变动时，应经环境保护行政主管部门重新审查同意。

C 监测断面（井）的设置

a 常规监测断面（井）

（1）地表水型。

1）河流型。监测断面设置及监测方法参见《地表水和污水监测技术规范》（HJ/T 91—2002）。当水质变差或发生突发事件时，应设置应急预警监测断面，预警断面应根据近 3 年水文资料，分别在取水口、取水口上游一级保护区入界处、二级保护区入界处、保护区内的河流汇入口、跨界处进行设置；潮汐河流应在潮区界以上设置对照断面，设有防潮桥闸的潮汐河流，根据需要在桥闸的上、下游分别设置断面，潮汐河流的断面位置，尽可能与水文断面一致或靠近，以便取得有关水文数据。

2）湖库型。监测断面设置应按照《地表水和污水监测技术规范》（HJ/T 91—2002）中的有关规定执行，建议断面位置围绕取水口（含取水口）5000m范围内呈环形设置，在进出湖泊、水库的河流汇合处分别设置监测断面。当水质变差或发生突发事件时，应在湖泊水库中心、深水区、浅水区、滞留区设置监测垂线，在水生生物经济区、与特殊功能区陆域相接水面、跨行政区界处分别设置监测断面。

（2）地下水型。地下水型饮用水水源监测井应分别设在一级、二级保护区边缘和取水口、泉水出露位置、地下水补给区和主径流带；周边工业建设项目、矿山开发、水利工程、石油开发、加油站、垃圾填埋场及农业活动等可能对地下水源区造成的影响时，污染控制监测井的设置应充分考虑保护区边缘位置，可参照《地下水环境监测技术规范》（HJ/T 164—2004）适当增加监测井数量。

b　应急监测断面（井）

应按照《突发环境事件应急监测技术规范》（HJ 589—2010）有关规定执行，对固定污染源和流动污染源的监测应根据现场具体情况及产生污染物的不同工况（部位）或不同容器分别布设采样点。

河流型水源的应急监测应在事故发生地及其下游布置监测断面，同时在事故发生上游一定距离布设对照断面；湖库型水源的应急监测应以事故发生地为中心，按水流方向在一定间隔的扇形或圆形布点，并根据污染物特性在不同水层采样，同时在上游适当距离布设对照断面；地下水型水源应急监测应以事故地点为中心，根据本地区地下水流向，采用网格法或辐射法布设监测井，同时在地下水主要补给来源，垂直于地下水流的上方向设置对照监测井。

在有突发性水源环境污染事件或水质较差时（如枯水期、冰封期、水文地质情况发生重大变化）应适当增加监测指标与频次，待摸清污染物变化规律后可减少采样频次。

5.1.1.2　监测点位

在一个监测断面上设置的采样垂线数应符合表5-1和表5-2，湖（库）监测垂线上的采样点的布设应符合表5-3。

表5-1　采样垂线数的设置

水面宽	垂线数	说明
≤50m	一条（中泓）	（1）垂线布设应避开污染带，要测污染带应另加垂线； （2）确能证明该断面水质均匀时，可仅设中泓垂线； （3）凡在该断面要计算污染物通量时，必须按本表设置垂线
50~100m	二条（近左、右岸有明显水流处）	
>100m	三条（左、中、右）	

表 5-2 采样垂线上的采样点数的设置

水 深	采样点数	说 明
≤5m	上层一点	（1）上层指水面下 0.5m 处，水深不到 0.5m 时，在水深 1/2 处； （2）下层指水深一下 0.5m 处； （3）中层指 1/2 水深处； （4）封冻时在冰下 0.5m 处采样，水深不到 0.5m 处时，在水深 1/2 处采样； （5）凡在该断面要计算污染物通量时，必须按本表设置采样点
5~10m	上、下层两点	
>10m	上、中、下层三点	

表 5-3 湖（库）监测垂线采样点的设置

水深	分层情况	采样点数	说 明
≤5m		一点（水面下 0.5m 处）	（1）分层是指湖水温度分层状况； （2）水深不足 1m，在 1/2 水深处设置测点； （3）有充分数据证实垂线水质均匀时，可酌情减少测点
5~10m	不分层	二点（水面下 0.5m，水底上 0.5m）	
5~10m	分层	三点（水面下 0.5m，1/2 斜温层，水底上 0.5m 处）	
>10m		除水面下 0.5m，水底上 0.5m 处外，按每一斜温分层 1/2 处设置	

5.1.2 出水厂水质监测点位

水质监测点应有代表性，选在水源取水口、水厂（站）出水口、水质易受污染的地点、居民经常用水点，水源水采样点通常选择汲水处。

5.1.3 管网末梢水水质监测点位

监测点的位置需有一定代表性，能说明供水区水质的总体情况，也能反映最可能出现水质问题的区域。选择监测点时需考虑以下方面：

（1）该供水区不同水源类型有代表的地点，并在居民取水点处采集检验水样。

（2）供水区最远端。

（3）输配水管网的盲端。

（4）有代表性的二次供水取水点。

（5）监测点的地理位置相对均匀。

5.2 监测指标

5.2.1 水源水水质监测指标

5.2.1.1 地表水型

地表水常规监测指标为《地表水环境质量标准》（GB 3838—2002）表 1 基本项目和表 2 补充项目共 28 项指标（COD 除外，河流型水源不评价总氮）。

湖泊、水库型饮用水水源应补充叶绿素 a 和透明度 2 项指标。

全指标监测应为《地表水环境质量标准》（GB 3838—2002）中表 1 的基本项目（COD 除外）、表 2 的补充项目和表 3 的特定项目。

5.2.1.2 地下水型

地下水常规监测指标为《地下水质量标准》（GB/T 14848—1993）中 pH 值、总硬度、硫酸盐、氯化物、高锰酸盐、氨氮、氟化物、总大肠菌群、挥发酚、硝酸盐氮、亚硝酸盐氮、铁、锰、铜、锌、阴离子合成洗涤剂、氰化物、汞、砷、硒、镉、六价铬和铅等 23 项指标。

全指标监测应为《地下水质量标准》（GB/T 14848—1993）中的所有项目。

水性地方病或天然背景值（如苦咸水、高氟、高砷）较高的地区，应增加反映特征化学组分的监测项目。同时，还应根据地下水补给径流区的工矿等污染源特征，增加特征污染物监测项目。

5.2.2 出水厂水质监测指标

（1）感官性状指标、pH 值。浑浊度、肉眼可见物、色度、臭和味。

（2）微生物指标。菌落总数、总大肠菌群。

（3）消毒剂指标。采用氯消毒时为余氯；采用氯胺消毒时为总氯；采用二氧化氯消毒时，为二氧化氯余量；采用其他消毒措施时，为相应检验消毒控制指标。

（4）特殊检验项目。水源水中氟化物、砷、铁、锰、溶解性总固体、COD_{Mn} 或硝酸盐等超标且有净化要求的项目。

（5）全分析指标。检验项目包括 GB 5749—2006 中规定的常规指标，并根据下列情况进行适当删减：

1）微生物指标应检测细菌总数和总大肠菌群；当检出总大肠菌群时，应进一步检测大肠埃希氏菌或耐热大肠菌群。

2）消毒剂指标，应根据不同的供水工程消毒方法，为相应的消毒控制指标。如没有使用臭氧消毒时，可不检测甲醛、溴酸盐和臭氧这三项指标。

3）常规指标中当地确实不存在超标风险的，可不进行检测；从未发生放射性指标超标的地区，可不检测放射性指标。

4）非常规指标中在本县（区）已存在超标或有超标风险的指标，应进行检测。如地表水源存在微污染风险时，应增加氨氮指标的检测；以存在石油污染的地表水为水源时，宜增加石油类指标的检测。

5）暂不具备条件的县（区），至少应检测微生物指标、毒理指标（砷、氟化物和硝酸盐）、感官形状指标（浑浊度、肉眼可见物、色度、臭和味）、一般化学指标（pH 值、铁、锰、氯化物、硫酸盐、可溶性总固体、总硬度、耗氧量）和消毒剂指标等。

5.2.3 管网末梢水水质监测指标

（1）感官性状指标、pH 值。包括浑浊度、肉眼可见物、色度、臭和味。

（2）微生物指标。包括菌落总数、总大肠菌群。

（3）消毒剂指标。采用氯消毒时，为余氯；采用氯胺消毒时为总氯；采用二氧化氯消毒时，为二氧化氯余量；采用其他消毒措施时，为相应检验消毒控制指标。

5.3 监测频率

5.3.1 水源水水质监测频率

（1）水源地水质监测频率。集中式饮水水源应每月开展 1 次常规指标监测，每年可展开一次全指标监测，风险较高的饮用水水源，应对水源及连接水体增加检测频次。

（2）水源水水质监测频率。水源水水质监测频率见表 5-4。

表 5-4 水源水水质监测频率

分类	检测项目	村镇供水工程类型			
		Ⅰ型	Ⅱ型	Ⅲ型	Ⅳ型
地下水	感官性状指标、pH 值	每周 1 次	每周 1 次	每周 1 次	每月 1 次
	微生物指标	每月 2 次	每月 2 次	每月 2 次	每月 1 次
	特殊检测项目	每周 1 次	每周 1 次	每周 1 次	每月 1 次
	全分析	每年 1 次	每年 1 次	每年 1 次	—
地表水	感官性状指标、pH 值	每日 1 次	每日 1 次	每日 1 次	每日 1 次
	微生物指标	每周 1 次	每周 1 次	每月 2 次	每月 1 次
	特殊检测项目	每周 1 次	每周 1 次	每周 1 次	每月 1 次
	全分析	每年 2 次	每年 1 次	每年 1 次	—

5.3.2 出水厂水质监测频率

村镇供水单位按实际日供水量可分为五类（见表2-9），各类供水单位出水厂水质监测频率见表5-5。

表5-5 各类供水单位出水厂水质监测频率

检测项目	村镇供水工程类型			
	Ⅰ型	Ⅱ型	Ⅲ型	Ⅳ型
感官性状指标、pH值	每日1次	每日1次	每日1次	每日1次
微生物指标	每日1次	每日1次	每日1次	每月2次
消毒剂指标	每日1次	每日1次	每日1次	每日1次
特殊检测项目	每日1次	每日1次	每日1次	每日1次
全分析	每季1次	每年2次	每年1次	每年1次

5.3.3 管网末梢水水质监测频率

各类供水单位管网末梢水质监测频率见表5-6。

表5-6 各类供水单位管网末梢水质监测频率

检测项目	村镇供水工程类型			
	Ⅰ型	Ⅱ型	Ⅲ型	Ⅳ型
感官性状指标、pH值	每月2次	每月2次	每月2次	每月1次
微生物指标	每月2次	每月2次	每月2次	每月1次
消毒剂指标	每周1次	每周1次	每月2次	每月1次

5.4 水样采集

《生活饮用水标准检验方法—水样的采集与保存》（GB/T 5750.2—2006）对采样容器、采样方法、采样体积、水样的保存和水样的运输作了规定。

5.4.1 采样容器

（1）采样容器材质的选择。应尽量选用细口容器，容器的盖和塞的材料应与容器材料统一。在特殊情况下，需用软木塞或橡胶塞时应用稳定的金属箔或聚乙烯薄膜包裹，最好有蜡封。有机物和某些微生物检测用的样品容器不能用橡胶塞，碱性的玻璃样品不能用玻璃塞。

对无机物、金属和放射性元素测定水样应使用有机材质的采样容器，如聚乙烯塑料容器等。

对有机物和微生物学指标测定水样应使用玻璃材质的采样容器。

特殊项目测定的水样可选用其他化学惰性材料材质的容器，如热敏物质应选用热吸收玻璃容器；温度高、压力大的样品或含痕量有机物的样品应选用不锈钢容器；生物（含藻类）样品应选用不透明的非活性玻璃容器，并存放阴暗处；光敏性物质应选用棕色或深色的容器。

（2）采样容器的洗涤。

1）测定一般理化指标采样容器的洗涤。将容器用水和洗涤剂清洗，除去灰尘、油垢后用自来水冲洗干净，然后用质量分数10%的硝酸（或盐酸）浸泡8h，取出沥干后用自来水冲洗3次，并用蒸馏水充分淋洗干净。

2）测定有机物指标采样容器的洗涤。用重铬酸钾洗液浸泡24h，然后用自来水冲洗干净，用蒸馏水淋洗后置烘箱内180℃烘4h，冷却后再用纯化后的己烷、石油醚冲洗数次。

3）测定微生物学指标采样容器的洗涤和灭菌：①容器洗涤：将容器用自来水和洗涤机洗涤，并用自来水彻底冲洗后用质量分数为10%的盐酸溶液浸泡过夜，然后依次用自来水，蒸馏水洗涤。②容器灭菌：热力灭菌是最可靠且普遍应用的方法。热力灭菌分干热和高压蒸汽灭菌两种。干热灭菌要求160℃下维持2h；高压蒸汽灭菌要求121℃下维持15min，高压蒸汽灭菌后的容器如不立即使用，应于60℃将瓶内冷凝水烘干。灭菌后的容器应在2周内使用。

5.4.2 采样方法

5.4.2.1 一般要求

A 理化指标

采样前应先用水样清洗采样器、容器和塞子2~3次（油类除外）

B 微生物学指标

同一水源、同一时间采集几类检测指标的水样时，应先采集供微生物学指标检测的水样。采样时应直接采样，不得用水样涮洗已灭菌的采样瓶，并避免手指和其他物品对瓶口的沾污。

C 注意事项

（1）采样时不可搅动水底的沉积物。

（2）采集测定油类的水样时，应在水面至水面下300mm采集柱状水样，全部用于测定。不能用采集的水样冲洗采样器（瓶）。

（3）采集测定溶解氧、生化需氧量和有机污染物的水样时应注满容器，上部不留空间，并采用水封。

（4）含有可沉降性固体（如泥沙等）的水样，应分离出去沉积物。分离方法为：将所采水样摇匀后倒入筒形玻璃仪器（如量筒），静置30min，将已不含沉降性固体但含有悬浮性固体的水样移入采样容器并加入保存剂。测定总悬浮物和油类的水样除外。需要分别测定悬浮物和水中所含组分时，应在现场将水样经0.45μm膜过滤后，分别加入固定剂保存。

（5）测定油类、BOD_5、硫化物、微生物学、放射性等项目要单独采样。

（6）完成现场测定的水样，不能带回实验室供其他指标测定使用。

5.4.2.2　水源水的采集

水源水采集点通常应选择汲水处。

（1）表层水。在河流、湖泊可以直接汲水的场合，可用适当的容器如水桶采样。从桥上等地方采样时，可将系着绳子的桶或带有坠子的采样瓶投入水中汲水。注意不能混入漂浮于水面上的物质。

（2）一定深度的水。可用直立式采水器，让水在其下沉过程中从中流过，当达到预定深度时，容器能自动闭合而汲取水样。当河水流动缓慢时，应在采样器下系上适宜质量的坠子；当水深流急时，要系上相当质量的铅鱼，并配备绞车。

（3）泉水和井水。

对于自喷的泉水可在涌口处直接采样。采集不自喷泉水时，应将停滞在抽水管中的水汲出，新水更替后再进行采样。

从井水采集水样，应在充分抽汲后进行，以保证水样的代表性。

5.4.2.3　出厂水的采集

出厂水的采集点应设在出厂进入输送管道以前处。

5.4.2.4　末梢水的采集

夜间可能析出可沉渍于管道的附着物，取样时应打开龙头放水数分钟，排除沉积物。采集用于微生物学指标检测的样品前应对水龙头进行消毒。

5.4.2.5　二次供水的采集

二次供水的采集：应包括水箱（或蓄水池）进水、出水以及末梢水。

5.4.2.6　分散式供水的采集

分散式供水的采集应根据实际使用情况确定。

5.4.3　采样体积

根据测定指标、测试方法、平行样检测所需样品量等情况计算并确定采样体

积。表5-7提供的生活饮用水中常规监测指标的取样体积可供参考。非常规指标和有特殊要求指标的采样提及应根据检测方法的具体要求确定。

表5-7 生活饮用水中常规监测指标的取样体积

指标分类	容器材质	保存方法	取样体积/L	备注
一般理化	聚乙烯	冷藏	3~5	
挥发性酚和氰化物	玻璃	氢氧化钠（NaOH），pH≥12，如有游离余氯，加亚砷酸钠去除	0.5~1	
金属	聚乙烯	硝酸（HNO_3），pH≤2	0.5~1	
汞	聚乙烯	硝酸（HNO_3），（1+9，含重铬酸钾50g/L）至pH≤2	0.2	用于冷原子吸收法测定
耗氧量	玻璃	每升水样加入0.8mL浓硫酸（H_2SO_4），冷藏	0.2	
有机物	玻璃	冷藏	0.2	水样应充满容器至溢流并密封保存
微生物	玻璃（灭菌）	每125mL水样加入0.1mg硫代硫酸钠除去残留余氯	0.5	
放射性	聚乙烯		3~5	

5.4.4 水样的保存

保存方法主要有冷藏、加入保存剂等。表5-8提供了日常的保存方法。

应注意：水样采集后应尽快测定，水温，pH值，游离余氯等指标应在现场测定；其余项目的测定也应在规定时间内完成。

表5-8 采样容器和水样的保存方法

项目	采样容器	保存方法	保存时间
浊度①	G，P	冷藏	12h
色度①	G，P	冷藏	12h
pH值	G，P	冷藏	12h
电导①	G，P		12h
碱度②	G，P		12h
酸度②	G，P		30d
COD	G	每升水样加入0.8mL浓硫酸（H_2SO_4），冷藏	24h
DO①	溶解氧瓶	加入硫酸锰、碱性碘化钾（KI）和叠氮化钠溶液，现场固定	24h
$BOD_5$②	溶解氧瓶		12h

续表 5-8

项目	采样容器	保存方法	保存时间
TOC	G	加硫酸（H_2SO_4），pH≤2	7d
Fb	P		14d
Cl②	G，P		28d
Br②	G，P		14h
I^-②	G	氢氧化钠（NaOH），pH=12	14h
SO_4^{2-}②	G，P		28d
PO_4^{3-}	G，P	氢氧化钠（NaOH），硫酸（H_2SO_4）调 pH=7，三氯甲烷（$CHCl_3$）0.5%	7d
氨氮②	G，P	每升水样加入 0.8mL 浓硫酸（H_2SO_4）	24h
NO_2^-N②	G，P	冷藏	尽快测定
NO_3^-N②	G，P	每升水样加入 0.8mL 浓硫酸（H_2SO_4）	24h
硫化物	G	每 100ml 水样加入 4 滴乙酸锌溶液（220g/L）和 1mL 氢氧化钠溶液（40g/L），暗处放置	7d
氰化物、挥发酚类②	G	氢氧化钠（NaOH），pH≥12，如有游离余氯，加亚砷酸钠除去	24h
B	P		14d
一般金属	P	硝酸（HNO_3），pH≤2	14d
Cr^{6+}	G，P（内壁无磨损）	氢氧化钠（NaOH），pH=7~9	尽快测定
As	G，P	加硫酸（H_2SO_4），pH≤2	7d
Ag	G，P（棕色）	加硝酸（HNO_3）至 pH≤2	14d
Hg	G，P	硝酸（HNO_3），（1+9，含重铬酸钾 50g/L）至 pH≤2	30d
卤代烃类②	G	现场处理后冷藏	4h
苯并（α）芘②	G		尽快测定
油类	G（广口瓶）	加盐酸（HCl）至 pH≤2	7d
农药类②	G（衬聚四氟乙烯盖）	加入抗坏血酸 0.01~0.02g 除去残留余氯	24h
除草剂类②	G	加入抗坏血酸 0.01~0.02g 除去残留余氯	24h
邻苯二甲酸酯类②	G	加入抗坏血酸 0.01~0.02g 除去残留余氯	24h
挥发性有机物②	G	用盐酸（HCl）（1+10）调至 pH 值≤2，加入抗坏血酸 0.01~0.02g 除去残留余氯	12h
甲醛、乙醛、丙烯醛②	G	每升水样加入 1mL 浓硫酸	24h

续表 5-8

项目	采样容器	保 存 方 法	保存时间
放射性物质	P		5d
微生物②	G（灭菌）	每 125mL 水样加入 0.1mg 硫代硫酸钠除去残留余氯	4h
生物②	G，P	当不能现场测定时用甲醛固定	12h

注：G 为硬质玻璃瓶；P 为聚乙烯瓶（桶）。

①表示应现场测定；

②表示应低温（0~4℃）避光保存。

5.4.5 水样的运输

除用于现场测定的样品外，大部分水样都需要运回实验室进行分析。在水样的运输和实验室管理过程中应保证其性质稳定、完整、不受沾污、损坏和丢失。

水样采集后应立即送回实验室，根据采样点的地理位置和各项目的最长可保存时间选用适当的运输方式。

塑料容器要塞进内塞，拧紧外盖，贴好密封带，玻璃瓶要塞紧磨口塞，并用细绳将瓶塞与瓶颈栓紧，或用封口胶、石蜡封口。待测油类的水样不能用石蜡封口。

需要冷藏的样品，应配备专门的隔热容器，并放入制冷剂。

冬季应采取保温措施，以防样品瓶冻裂。

为防止样品在运输过程中因震动、碰撞而导致损失或沾污，最好将样品装箱运输。装运用的箱和盖都需要用泡沫塑料或瓦楞纸板作衬里或隔板，并使箱盖适度压住样品瓶。

样品箱应有“切勿倒置”和“易碎物品”的明显标示。

5.5 监测方法

生活饮用水标准检验方法（GB 5750.4-13—2006）给出了生活饮用水各指标的监测方法。

5.5.1 感官性状和物理指标监测方法

生活饮用水感官性状和物理指标监测方法见表 5-9。

5.5.2 无机非金属指标监测方法

生活饮用水无机非金属指标的监测方法见表 5-10。

表 5-9　感官性状和物理指标的监测方法

指　标	方　法	测定范围 （或最低检测质量）	测定条件
色度	铂-钴标准比色法	5~50 度	
浑浊度	散射法——福尔马肼标准	最低检测浊度为 0.5NTU	
	目视比浊法——福尔马肼标准	最低检测浊度为 1NTU	
臭和味	嗅气和尝味法		
肉眼可见物	直接观察法		
pH 值	玻璃电极法	可精确到 0.01	
	标准缓冲溶液 比色法	可精确到 0.1	
电导率	电极法	生活饮用水及其水源水	
总硬度	乙二胺四乙酸二钠滴定法	最低 0.05mg	
溶解性总固体	称量法	生活饮用水及其水源水	烘干温度 177~183℃
挥发酚类	4-氨基安替吡啉三氯甲 烷萃取分光光度法	最低 0.5μg 挥发酚 （以苯酚计）	
	4-氨基安替吡啉直接 分光光度法	0.1mg/L~5.0mg/L 最低 0.5μg 挥发酚 （以苯酚计）	
阴离子合 成洗涤剂	亚甲蓝分光光度法	最低 5μg（以十二烷基 苯磺酸钠为标准）	
	二氮杂菲萃取分光光度法	最低 2.5μg	

表 5-10　无机非金属监测指标的监测方法

指　标	方　法	测定范围 （或最低检测质量）	测定条件
硫酸盐	硫酸钡比浊法	最低 0.25mg	
	离子色谱法	0.75~12mg/L （以 SO_4^{2-} 计）	进样 50μL 电导检测 器量程为 10μS
	铬酸钡分光光度法（热法）	最低 0.25mg	
	铬酸钡分光光度法（冷法）	最低 0.25mg	
	硫酸钡烧灼称量法	最低 5mg	

续表 5-10

指 标	方 法	测定范围（或最低检测质量）	测定条件
氯化物	硝酸银容量法	最低 0. 05mg	
	离子色谱法	0. 15～2. 5mg/L（以 Cl^- 计）	进样 50μL 电导检测器量程为 10μS
	硝酸汞容量法	最低 0. 05mg	
氟化物	离子选择电极法	最低 2μg	pH5. 5～6. 5
	离子色谱法	0. 1～1. 5mg/L（以 F^- 计）	进样 50μL 电导检测器量程为 10μS
	氟试剂分光光度法	最低 2. 5μg	
	双波长系数倍率氟试剂分光光度法	最低 2. 5μg	
	锆盐茜素比色法	最低 5μg	
氰化物	异烟酸-吡唑酮分光光度法	最低 0. 1μg	
	异烟酸-巴比妥酸分光光度法	最低 0. 1μg 氰化物	
硝酸盐氮	麝香草酚分光光度法	最低 0. 5μg 硝酸盐氮	
	紫外分光光度法	最低 10μg，范围 0～11mg/L 硝酸盐氮	
	离子色谱法	0. 15～2. 5mg/L（以 NO_3^-—N 计）	进样 50μL 电导检测器量程为 10μS
	镉柱还原法	最低 0. 05μg，范围 0. 006～0. 25mg/L（以 N 计）	
硫化物	N，N-二乙基对苯二胺分光光度法	最低 1. 0μg	
	碘量法	最低 1mg/L	
磷酸盐	磷钼蓝分光光度法	最低 5μg	
硼	甲亚胺-H 分光光度法	最低 1. 0μg	
	电感耦合等离子体发射光谱法	最低 11μg/L	波长 249. 77nm
	电感耦合等离子体质谱法	最低 0. 9μg/L	
氨氮	钠氏试剂分光光度法	最低 1. 0μg	
	酚盐分光光度法	最低 0. 25μg	
	水杨酸盐分光光度法	最低 0. 25μg	
亚硝酸盐氮	重氮偶合分光光度法	最低 0. 05μg	

续表 5-10

指　标	方　法	测定范围 （或最低检测质量）	测定条件
碘化物	硫酸铈催化分光光度法	最低 0.01μg 范围 1~10μg/L（I—）和 10μg/L~100μg/L（I—）	
	高浓度碘化物比色法	最低 0.01μg（I—）	
	高浓度碘化物容量法	最低 2.5μg（I—）	
	气相色谱法	最低 0.005ng，范围 1~10μg/L（I—）和 10~100μg/L（I—）	

5.5.3 金属指标监测方法

生活饮用水金属指标的监测方法见表 5-11。

表 5-11　生活饮用水金属指标的监测方法

指 标	方　　法	测定范围 （或最低检测质量）	测定条件
铝	铬天青 S 分光光度法	最低 0.2μg	
	水杨基荧光酮-氯代十六烷基吡啶分光光度法	最低 0.2μg	
	无火焰原子吸收分光光度法	最低 0.2ng	
	电感耦合等离子体发射光谱法	40μg/L	308.22nm
	电感耦合等离子体质谱法	0.6μg/L	
铁	原子吸收分光光度法（直接法）	0.3~5mg/L	
	二氮杂菲萃取分光光度法	2.5μg（以 Fe 计）	
	电感耦合等离子体发射光谱法	4.5μg/L	波长 259.94nm
	电感耦合等离子体质谱法	0.9μg/L	
锰	原子吸收分光光度法（直接法）	0.1~3mg/L	
	过硫酸氨分光光度法	0.2μg（以 Mn 计）	
	甲醛肟分光光度法	1.0μg	
	高碘酸银（Ⅲ）钾分光光度法	2.5μg	
	电感耦合等离子体发射光谱法	0.5μg/L	波长 257.61nm
	电感耦合等离子体质谱法	0.06μg/L	

续表 5-11

指 标	方 法	测定范围（或最低检测质量）	测定条件
铜	无火焰原子吸收分光光度法	0.1ng	
	火焰原子吸收分光光度法（直接法）	0.2~5mg/L	
	火焰原子吸收分光光度法（萃取法）	0.75μg	
	火焰原子吸收分光光度法（共沉淀法）	2μg； 0.008~0.04mg/L	
	火焰原子吸收分光光度法（巯基棉富集）	铜 1μg	
	二乙基二硫代氨基甲酸钠分光光度法	2.0μg	
	双乙醛草酰二腙分光光度法	1.0μg	
	电感耦合等离子体发射光谱法	9μg/L	波长 324.75nm
	电感耦合等离子体质谱法	0.09μg/L	
锌	原子吸收分光光度法（直接法）	0.05~1mg/L	
	锌试剂-环己酮分光光度法	5μg	
	双硫腙分光光度法	0.5μg	
	催化示波极谱法	0.1μg	
	电感耦合等离子体发射光谱法	1μg/L	波长 213.86nm
	电感耦合等离子体质谱法	0.8μg/L	
砷	氢化物原子荧光法	0.5ng	
	二乙氨基二硫代甲酸银分光光度法	0.5μg	
	锌-硫酸系统新银盐分光光度法	0.2μg	
	砷斑法	0.5μg	
	电感耦合等离子体发射光谱法	35μg/L	波长 193.70nm
	电感耦合等离子体质谱法	0.09μg/L	
硒	氢化物原子荧光法	0.5ng	
	二氨基萘荧光法	0.005μg	
	氢化原子吸收分光光度法	0.01μg	
	催化示波极谱法	0.004μg	
	二氨基联苯氨分光光度法	1μg	
	电感耦合等离子体发射光谱法	50μg/L	波长 196.03nm
	电感耦合等离子体质谱法	0.09μg/L	

续表 5-11

指 标	方 法	测定范围（或最低检测质量）	测定条件
汞	原子荧光法	0. 05ng	
	冷原子吸收法	0. 01μg	
	双硫腙分光光度法	0. 25μg	
	电感耦合等离子体质谱法	0. 07μg/L	
镉	无火焰原子吸收分光光度法	最低 0. 01ng	
	火焰原子吸收分光光度法（直接法）	0. 05～2mg/L	
	双硫腙分光光度法	0. 25μg	
	催化示波极谱法	0. 2μg	
	原子荧光法	0. 25ng	
	电感耦合等离子体发射光谱法	4μg/L	波长 226. 50nm
	电感耦合等离子体质谱法	0. 06μg/L	
铬（六价）	二苯碳酰二肼分光光度法	0. 2μg（以 Cr^{6+} 计）	
铅	无火焰原子吸收分光光度法	0. 05ng	
	火焰原子吸收分光光度法（直接法）	1～20mg/L	
	双硫腙分光光度法	0. 5μg	
	催化示波极谱法	0. 2μg	
	氢化物原子荧光法	0. 5ng	
	电感耦合等离子体发射光谱法	20μg/L	波长 220. 35nm
	电感耦合等离子体质谱法	0. 07μg/L	
银	无火焰原子吸收分光光度法	0. 05ng	
	巯基棉富集-高碘酸钾分光光度法	1μg	
	电感耦合等离子体发射光谱法	13μg/L	波长 328. 07nm
	电感耦合等离子体质谱法	0. 03μg/L	
钼	无火焰原子吸收分光光度法	0. 1ng	
	电感耦合等离子体发射光谱法	8μg/L	波长 202. 03nm
	电感耦合等离子体质谱法	0. 06μg/L	
钴	无火焰原子吸收分光光度法	0. 1ng	
	电感耦合等离子体发射光谱法	2. 5μg/L	波长 228. 62nm
	电感耦合等离子体质谱法	0. 03μg/L	
镍	无火焰原子吸收分光光度法	0. 1ng	
	电感耦合等离子体发射光谱法	6μg/L	波长 231. 60nm
	电感耦合等离子体质谱法	0. 07μg/L	

续表 5-11

指标	方法	测定范围（或最低检测质量）	测定条件
钡	无火焰原子吸收分光光度法	0. 2ng	
	电感耦合等离子体发射光谱法	1μg/L	波长 455. 40nm
	电感耦合等离子体质谱法	0. 3μg/L	
钛	催化示波极谱法	0. 002μg	
	水杨基荧光酮分光光度法	0. 2μg	
	电感耦合等离子体质谱法	0. 4μg/L	
钒	无火焰原子吸收分光光度法	0. 2ng	
	电感耦合等离子体发射光谱法	5μg/L	波长 292. 40nm
	电感耦合等离子体质谱法	0. 07μg/L	
锑	氢化物原子荧光法	0. 005μg	
	氢化物原子吸收分光光度法	0. 025μg	
	电感耦合等离子体发射光谱法	30μg/L	波长 206. 83nm
	电感耦合等离子体质谱法	0. 07μg/L	
铍	桑色素荧光分光光度法	0. 1μg	
	无火焰原子吸收分光光度法	0. 004ng	
	铝试剂（金精三羧酸胺）分光光度法	0. 5μg	
	电感耦合等离子体发射光谱法	0. 2μg/L	波长 313. 04nm
	电感耦合等离子体质谱法	0. 03μg/L	
铊	无火焰原子吸收分光光度法	0. 01ng	
	电感耦合等离子体发射光谱法	40μg/L	波长 190. 86nm
	电感耦合等离子体质谱法	0. 01μg/L	
钠	火焰原子吸收分光光度法	0. 01mg/L	
	离子色谱法	0. 02mg/L ~ 27mg/L	电导检测器量程 3 ~ 300μS
	电感耦合等离子体发射光谱法	5μg/L	波长 589. 00nm
	电感耦合等离子体质谱法	7μg/L	
锡	氢化物原子荧光法	0. 5ng	
	分光光度法	0. 5μg	
	微分电位溶出法	0. 05μg	
	电感耦合等离子体质谱法	0. 09μg/L	
四乙基铅	双硫腙比色法	0. 08μg	

5.5.4 有机物指标监测方法

生活饮用水有机物综合指标、有机物指标和农药的监测方法，分别见表 5-12、表 5-13 和表 5-14。

表 5-12 生活饮用水有机物综合指标的监测方法

指　标	方　法	测定范围（或最低检测质量）
耗氧量	酸性高锰酸钾滴定法	0.05~5mg/L（以 O_2 计）
	碱性高锰酸钾滴定法	0.05~5mg/L（以 O_2 计）
生化需氧量	容量法	饮用水源
石油	称量法	生活饮用水及其水源水
	紫外分光光度法	5μg
	荧光光度法	5μg
	荧光分光光度法	0.0025mg
	非分散红外光度法	0.05mg
总有机碳	仪器分析法	0.5mg/L

表 5-13 生活饮用水有机物指标的监测方法

指　标	方　法	测定范围（或最低检测质量）
四氯化碳	填充柱气相色谱法	0.3μg/L
	毛细管柱气相色谱法	0.1μg/L
1，2-二氯乙烷	顶空气相色谱法	13μg/L
1，1，1-三氯乙烷	气相色谱法	50μg/L
氯乙烯	填充柱气相色谱法	1μg/L
	毛细管柱气相色谱法	1μg/L
1，1-二氯乙烯	吹脱捕集气相色谱法	0.02μg/L
1，2-二氯乙烯	吹脱捕集气相色谱法	反式 1，2-二氯乙烯 0.02μg/L；顺式 1，2-二氯乙烯 0.02μg/L
三氯乙烯	填充柱气相色谱法	1μg/L
四氯乙烯	填充柱气相色谱法	1μg/L
苯并［a］芘	高压液相色谱法	0.07ng
	纸层析-荧光分光光度法	5.0ng
丙烯酰胺	气相色谱法	0.025ng/L
己内酰胺	气相色谱法	0.2μg/L
邻苯二甲酸二（2-乙基己基）酯	气相色谱法	4ng

续表 5-13

指 标	方 法	测定范围（或最低检测质量）
微囊藻毒素	高压液相色谱法	微囊藻毒素-RR：6ng； 微囊藻毒素-LR：6ng
乙腈	气相色谱法	0.05ng
丙烯腈	气相色谱法	0.05ng
丙烯醛	气相色谱法	0.95ng
环氧氯丙烷	气相色谱法	5ng
苯	溶剂萃取-填充柱气相色谱法	2.0ng
	溶剂萃取-毛细管柱气相色谱法	0.2ng
	顶空-填充柱气相色谱法	0.42μg/L
	顶空-毛细管柱气相色谱法	0.7μg/L
甲苯	溶剂萃取-填充柱气相色谱法	2.0ng
	溶剂萃取-毛细管柱气相色谱法	0.24ng
	顶空-填充柱气相色谱法	1.0μg/L
	顶空-毛细管柱气相色谱法	1μg/L
二甲苯	溶剂萃取-填充柱气相色谱法	2.0ng
	溶剂萃取-毛细管柱气相色谱法	对二甲苯 0.24ng，间二甲苯 0.25ng， 邻二甲苯 0.25ng
	顶空-填充柱气相色谱法	对二甲苯 2.2μg/L，邻二甲苯 3.9μg/L
	顶空-毛细管柱气相色谱法	对二甲苯 1μg/L，间二甲苯 1μg/L， 邻二甲苯 3μg/L
乙苯	溶剂萃取-填充柱气相色谱法	2.0ng
	溶剂萃取-毛细管柱气相色谱法	0.25ng
	顶空-填充柱气相色谱法	2.1μg/L
	顶空-毛细管柱气相色谱法	2μg/L
异丙苯	顶空-填充柱气相色谱法	3.2μg/L
	顶空-毛细管柱气相色谱法	3μg/L
氯苯	气相色谱法	2.0ng
二氯苯	气相色谱法	1.5ng
1，2-二氯苯	气相色谱法	1.5ng
1，4-二氯苯	气相色谱法	1.5ng
三氯苯	气相色谱法	0.05ng
四氯苯	气相色谱法	0.025ng
硝基苯	气相色谱法	0.01ng

续表 5-13

指 标	方 法	测定范围（或最低检测质量）
三硝基甲苯	气相色谱法	0. 2μg
二硝基苯	气相色谱法	对二硝基苯 0. 04μg，间二硝基苯 0. 2μg，邻二硝基苯 0. 1μg
硝基氯苯	气相色谱法	间硝基氯苯 0. 02μg，对硝基氯苯 0. 02μg
二硝基氯苯	气相色谱法	2，4-二硝基氯苯 0. 1μg
氯丁二烯	顶空气相色谱法	0. 002mg/L
苯乙烯	溶剂萃取-填充柱气相色谱法	2. 0ng
	溶剂萃取-毛细管柱气相色谱法	0. 25ng
	顶空-毛细管柱气相色谱法	2μg/L
三乙胺	气相色谱法	三乙胺、二丙胺 1. 0ng
苯胺	气相色谱法	0. 1μg
	重氮偶合分光光度法	2μg
二硫化碳	气相色谱法	1ng
水合肼	对二甲氨基苯甲醛分光光度法	0. 05μg（以肼计）
松节油	气相色谱法	2ng
吡啶	巴比妥酸分光光度法	0. 5μg
苦味酸	气相色谱法	0. 02ng
丁基黄原酸	铜试剂亚铜分光光度法	1μg
六氯丁二烯	气相色谱法	10pg

表 5-14 生活饮用水农药指标的监测方法

指 标	方 法	测定范围（或最低检测质量）
滴滴涕	填充柱气相色谱法	6. 0pg
	毛细管柱气相色谱法	1. 0pg
六六六	填充柱气相色谱法	2. 0pg
	毛细管柱气相色谱法	0. 5pg
林丹	填充柱气相色谱法	2. 0pg
	毛细管柱气相色谱法	0. 5pg
对硫磷	填充柱气相色谱法	0. 2ng
	毛细管柱气相色谱法	0. 025ng
甲基对硫磷	填充柱气相色谱法	0. 2ng
	毛细管柱气相色谱法	0. 025ng

续表 5-14

指 标	方 法	测定范围（或最低检测质量）
内吸磷	填充柱气相色谱法	0.2ng
	毛细管柱气相色谱法	0.025ng
马拉硫磷	填充柱气相色谱法	0.2ng
	毛细管柱气相色谱法	0.025ng
乐果	填充柱气相色谱法	0.2ng
	毛细管柱气相色谱法	0.025ng
百菌清	气相色谱法	0.02ng
甲萘威	高压液相色谱法-紫外检测器	2ng
	分光光度法	2.0μg
溴氰菊酯	气相色谱法	0.040ng
	高压液相色谱法	5ng
灭草松	气相色谱法	0.1ng
2，4-滴	气相色谱法	0.03ng
敌敌畏	填充柱气相色谱法	0.2ng
	毛细管柱气相色谱法	0.012ng
呋喃丹	高压液相色谱法	0.25ng
毒死蜱	气相色谱法	0.2ng
莠去津	高压液相色谱法	0.5ng
草甘膦	高压液相色谱法	5.0ng
七氯	液液萃取气相色谱法	0.02ng
六氯苯	气相色谱法	0.025ng
五氯酚	衍生化气相色谱法	0.0003ng
	顶空固相微萃取气相色谱法	0.2μg/L

5.5.5 消毒副产物指标监测方法

生活饮用水消毒副产物指标的监测方法分别见表 5-15。

表 5-15 生活饮用水消毒副产物指标的监测方法

指 标	方 法	最低检测质量
三氯甲烷	填充柱气相色谱法	三氯甲烷 0.6μg/L；四氯化碳 0.3μg/L；三氯乙烯 3μg/L；二氯一溴甲烷 1μg/L；四氯乙烯 1.2μg/L；一氯二溴甲烷 0.3μg/L；三溴甲烷 6μg/L
	毛细管柱气相色谱法	三氯甲烷 0.2μg/L；四氯化碳 0.1μg/L

续表 5-15

指 标	方 法	最低检测质量
三溴甲烷	填充柱气相色谱法	三氯甲烷 0.6μg/L；四氯化碳 0.3μg/L；三氯乙烯 3μg/L；二氯一溴甲烷 1μg/L；四氯乙烯 1.2μg/L；一氯二溴甲烷 0.3μg/L；三溴甲烷 6μg/L
	毛细管柱气相色谱法	三氯甲烷 0.2μg/L；四氯化碳 0.1μg/L
二氯一溴甲烷	填充柱气相色谱法	三氯甲烷 0.6μg/L；四氯化碳 0.3μg/L；三氯乙烯 3μg/L；二氯一溴甲烷 1μg/L；四氯乙烯 1.2μg/L；一氯二溴甲烷 0.3μg/L；三溴甲烷 6μg/L
	毛细管柱气相色谱法	三氯甲烷 0.2μg/L；四氯化碳 0.1μg/L
一氯二溴甲烷	填充柱气相色谱法	三氯甲烷 0.6μg/L；四氯化碳 0.3μg/L；三氯乙烯 3μg/L；二氯一溴甲烷 1μg/L；四氯乙烯 1.2μg/L；一氯二溴甲烷 0.3μg/L；三溴甲烷 6μg/L
	毛细管柱气相色谱法	三氯甲烷 0.2μg/L；四氯化碳 0.1μg/L
二氯甲烷	顶空气相色谱法	二氯甲烷 9μg/L；1，1-二氯乙烷 8μg/L；1，2-二氯乙烷 13μg/L
甲醛	4-氨基-3-联氨-5-巯基-1，2，4-三氮杂茂（AHMT）分光光度法	0.25μg
乙醛	气相色谱法	乙醛 12ng，丙烯醛 0.95ng
三氯乙醛	气相色谱法	1μg/L
二氯乙酸	液液萃取衍生气相色谱法	一氯乙酸 0.062ng；二氯乙酸 0.025ng；三氯乙酸 0.012ng
三氯乙酸	液液萃取衍生气相色谱法	一氯乙酸 0.062ng；二氯乙酸 0.025ng；三氯乙酸 0.012ng
氯化氰	异烟酸-巴比妥酸分光光度法最低	0.1μg
2，4，6-三氯酚	衍生化气相色谱法	2，4，6-三氯酚 0.005ng；2-氯酚 0.04ng；2，4-二氯酚 0.005ng；五氯酚 0.003ng
	顶空固相微萃取气相色谱法	2，4，6-三氯酚 0.05μg/L；五氯酚 0.2μg/L
亚氯酸盐	碘量法	亚氯酸盐 0.004mg；氯酸盐 0.004mg
	离子色谱法	ClO_2：2.4μg/L；ClO_3：5.0μg/L；Br^-：4.4μg/L
溴酸盐	离子色谱法-氢氧根系统淋洗液	2.5ng
	离子色谱法-碳酸盐系统淋洗液	0.5ng（lonPacAS9-HC 分析柱） 0.2ng（Metro sep A Supp 5-250 分析柱）

5.5.6 消毒剂指标监测方法

生活饮用水消毒剂指标的监测方法分别见表 5-16。

表 5-16 生活饮用水消毒剂指标的监测方法

指标	方法	测定范围（或最低检测质量）	测定条件
游离余氯	N，N-二甲基对苯二胺（DPD）分光光度法	最低 0.1μg	
	3-3'-5-5'-四甲基联苯胺比色法	最低 0.005mg/L	
氯消毒剂中有效氯	碘量法		
氯胺	N，N-二甲基对苯二胺（DPD）分光光度法	最低 0.1μg	
二氧化氯	N，N-二甲基对苯二胺（DPD）硫酸亚铁按滴定法	0.025~9.5mg/L	水样中总有效氯不高于 5mg/L
	碘量法	最低 10μg（以 ClO_2 计）	
	甲酚红分光光度法	最低 0.5μg	
	现场测定法	最低 0.01mg/L	
臭氧	碘量法		
	靛蓝分光光度法	最低 0.01μg/L	
	靛蓝现场测定法	最低 0.01mg/L	
氯酸盐	碘量法	最低：亚氯酸盐 0.004mg；氯酸盐 0.004mg	

5.5.7 微生物指标监测方法

生活饮用水微生物指标的监测方法分别见表 5-17。

表 5-17 生活饮用水微生物指标的监测方法

指标	方法
菌落总数	平皿计数法
总大肠菌	多管发酵法
	滤膜法
	酶底物法
耐热大肠菌群	多管发酵法
	滤膜法

续表 5-17

指 标	方 法
大肠埃希氏菌	多管发酵法
	滤膜法
	酶底物法
贾第鞭毛虫	免疫磁分离荧光抗体法
隐孢子虫	免疫磁分离荧光抗体法

5.5.8 放射性指标监测方法

生活饮用水放射性指标的监测方法分别见表 5-18。

表 5-18 生活饮用水放射性指标的监测方法

指 标	方 法	测定范围（或最低检测质量）
总 α 放射性	低本底总 α 检测法	最低 1.6×10^{-2}Bq/L
总 β 放射性	薄样法	最低 2.8×10^{-2}Bq/L

5.6 监测结果评价

5.6.1 水源水质监测结果评价

5.6.1.1 地下水

水质符合《地下水质量标准》（GB/T 14848—1993）的Ⅰ类和Ⅱ类要求，经消毒处理后，可供生活饮用；水质符合《地下水质量标准》（GB/T 14848—1993）的Ⅲ类要求，经常规净化处理（如絮凝、沉淀、过滤、消毒等）后，可供生活饮用；水质符合《地下水质量标准》（GB/T 14848—1993）的Ⅳ类要求，采用相应的净化工艺处理，水质达到 GB 5749—2006 的各项规定，经省市自治区卫生厅局及主管部门批准后，可供生活饮用；水质为《地下水质量标准》（GB/T 14848—1993）的Ⅳ类以下，不能作为饮用水水源。

5.6.1.2 地表水

水质符合《地表水环境质量标准》（GB 3838—2002）中Ⅰ类要求，经简易净化处理如过滤消毒后，可供生活饮用；水质符合《地表水环境质量标准》（GB 3838—2002）的Ⅱ类要求，经常规净化处理（如絮凝、沉淀、过滤、消毒等）后，可供生活饮用；水质符合《地表水环境质量标准》（GB 3838—2002）的Ⅲ类要求，采

用相应的净化工艺处理，水质达到 GB 5749 的各项规定，经省市自治区卫生厅局及主管部门批准后，可供生活饮用；水质为《地表水环境质量标准》（GB 3838—2002）的Ⅲ类以下，不能作为饮用水水源。

5.6.2 出水厂水质监测结果评价

出水厂作为成品水供居民饮用，应全面符合《生活饮用水卫生标准》（GB 5749—2006）的规定。

5.6.3 管网末梢水水质监测结果评价

管网末梢水是出厂水经过输配水管网，有的还经过二次供水过程的水。管网末梢水是直接提供居民饮用的水，是供水单位需要掌握水质的最后关口，应全面符合《生活饮用水卫生标准》（GB 5749—2006）的规定。

附录1　饮用水水源保护区污染防治管理规定（2010）

（中华人民共和国环境保护部对原先的《饮用水水源保护区污染防治管理规定》（国家环境保护局、卫生部、建设部、水利部、地矿部1989年7月10日发布）进行了修改（第16号令），自2010年12月22日起实施。）

第一章　总　　则

第一条　为保障人民身体健康和经济建设发展，必须保护好饮用水水源。根据《中华人民共和国水污染防治法》特制定本规定。

第二条　本规定适用于全国所有集中式供水的饮用水地表水源和地下水源的污染防治管理。

第三条　按照不同的水质标准和防护要求分级划分饮用水水源保护区。饮用水水源保护区一般划分为一级保护区和二级保护区，必要时可增设准保护区。各级保护区应有明确的地理界线。

第四条　饮用水水源各级保护区及准保护区均应规定明确的水质标准并限期达标。

第五条　饮用水水源保护区的设置和污染防治应纳入当地的经济和社会发展规划和水污染防治规划。跨地区的饮用水水源保护区的设置和污染治理应纳入有关流域、区域、城市的经济和社会发展规划和水污染防治规划。

第六条　跨地区的河流、湖泊、水库、输水渠道，其上游地区不得影响下游饮用水水源保护区对水质标准的要求。

第二章　饮用水地表水源保护区的划分和防护

第七条　饮用水地表水源保护区包括一定的水域和陆域，其范围应按照不同水域特点进行水质定量预测并考虑当地具体条件加以确定，保证在规划设计的水文条件和污染负荷下，供应规划水量时，保护区的水质能满足相应的标准。

第八条　在饮用水地表水源取水口附近划定一定的水域和陆域作为饮用水地表水源一级保护区。一级保护区的水质标准不得低于国家规定的《地表水环境质量标准》Ⅱ类标准，并须符合国家规定的《生活饮用水卫生标准》的要求。

第九条　在饮用水地表水源一级保护区外划定一定水域和陆域作为饮用水地表水源二级保护区。二级保护区的水质标准不得低于国家规定的《地表水环境质量标准》Ⅲ类标准，应保证一级保护区的水质能满足规定的标准。

第十条 根据需要可在饮用水地表水源二级保护区外划定一定的水域及陆域作为饮用水地表水源准保护区。准保护区的水质标准应保证二级保护区的水质能满足规定的标准。

第十一条 饮用水地表水源各级保护区及准保护区内均必须遵守下列规定：

一、禁止一切破坏水环境生态平衡的活动以及破坏水源林、护岸林、与水源保护相关植被的活动。

二、禁止向水域倾倒工业废渣、城市垃圾、粪便及其他废弃物。

三、运输有毒有害物质、油类、粪便的船舶和车辆一般不准进入保护区，必须进入者应事先申请并经有关部门批准、登记并设置防渗、防溢、防漏设施。

四、禁止使用剧毒和高残留农药，不得滥用化肥，不得使用炸药、毒品捕杀鱼类。

第十二条 饮用水地表水源各级保护区及准保护区内必须分别遵守下列规定：

一、一级保护区内

禁止新建、扩建与供水设施和保护水源无关的建设项目；

禁止向水域排放污水，已设置的排污口必须拆除；

不得设置与供水需要无关的码头，禁止停靠船舶；

禁止堆置和存放工业废渣、城市垃圾、粪便和其他废弃物；

禁止设置油库；

禁止从事种植、放养畜禽和网箱养殖活动；

禁止可能污染水源的旅游活动和其他活动。

二、二级保护区内

禁止新建、改建、扩建排放污染物的建设项目；

原有排污口依法拆除或者关闭；

禁止设立装卸垃圾、粪便、油类和有毒物品的码头。

三、准保护区内

禁止新建、扩建对水体污染严重的建设项目；改建建设项目，不得增加排污量。

第三章 饮用水地下水源保护区的划分和防护

第十三条 饮用水地下水源保护区应根据饮用水水源地所处的地理位置、水文地质条件、供水的数量、开采方式和污染源的分布划定。

第十四条 饮用水地下水源保护区的水质均应达到国家规定的《生活饮用水卫生标准》的要求。

各级地下水源保护区的范围应根据当地的水文地质条件确定，并保证开采规划水量时能达到所要求的水质标准。

第十五条 饮用水地下水源一级保护区位于开采井的周围，其作用是保证集水有一定滞后时间，以防止一般病原菌的污染。直接影响开采井水质的补给区地段，必要时也可划为一级保护区。

第十六条 饮用水地下水源二级保护区位于饮用水地下水源一级保护区外，其作用是保证集水有足够的滞后时间，以防止病原菌以外的其他污染。

第十七条 饮用水地下水源准保护区位于饮用水地下水源二级保护区外的主要补给区，其作用是保护水源地的补给水源水量和水质。

第十八条 饮用水地下水源各级保护区及准保护区内均必须遵守下列规定：

一、禁止利用渗坑、渗井、裂隙、溶洞等排放污水和其他有害废弃物。

二、禁止利用透水层孔隙、裂隙、溶洞及废弃矿坑储存石油、天然气、放射性物质、有毒有害化工原料、农药等。

三、实行人工回灌地下水时不得污染当地地下水源。

第十九条 饮用水地下水源各级保护区及准保护区内必须遵守下列规定：

一、一级保护区内

禁止建设与取水设施无关的建筑物；

禁止从事农牧业活动；

禁止倾倒、堆放工业废渣及城市垃圾、粪便和其他有害废弃物；

禁止输送污水的渠道、管道及输油管道通过本区；

禁止建设油库；

禁止建立墓地。

二、二级保护区内

（一）对于潜水含水层地下水水源地

禁止建设化工、电镀、皮革、造纸、制浆、冶炼、放射性、印染、染料、炼焦、炼油及其他有严重污染的企业，已建成的要限期治理，转产或搬迁；

禁止设置城市垃圾、粪便和易溶、有毒有害废弃物堆放场和转运站，已有的上述场站要限期搬迁；

禁止利用未经净化的污水灌溉农田，已有的污灌农田要限期改用清水灌溉；化工原料、矿物油类及有毒有害矿产品的堆放场所必须有防雨、防渗措施。

（二）对于承压含水层地下水水源地

禁止承压水和潜水的混合开采，做好潜水的止水措施。

三、准保护区内

禁止建设城市垃圾、粪便和易溶、有毒有害废弃物的堆放场站，因特殊需要设立转运站的，必须经有关部门批准，并采取防渗漏措施；

当补给源为地表水体时，该地表水体水质不应低于《地表水环境质量标准》Ⅲ类标准；

不得使用不符合《农田灌溉水质标准》的污水进行灌溉，合理使用化肥；保护水源林，禁止毁林开荒，禁止非更新砍伐水源林。

第四章　饮用水水源保护区污染防治的监督管理

第二十条　各级人民政府的环境保护部门会同有关部门作好饮用水水源保护区的污染防治工作并根据当地人民政府的要求制定和颁布地方饮用水水源保护区污染防治管理规定。

第二十一条　饮用水水源保护区的划定，由有关市、县人民政府提出划定方案，报省、自治区、直辖市人民政府批准；跨市、县饮用水水源保护区的划定，由有关市、县人民政府协商提出划定方案，报省、自治区、直辖市人民政府批准；协商不成的，由省、自治区、直辖市人民政府环境保护主管部门会同同级水行政、国土资源、卫生、建设等部门提出划定方案，征求同级有关部门的意见后，报省、自治区、直辖市人民政府批准。

跨省、自治区、直辖市的饮用水水源保护区，由有关省、自治区、直辖市人民政府协商有关流域管理机构划定；协商不成的，由国务院环境保护主管部门会同同级水行政、国土资源、卫生、建设等部门提出划定方案，征求国务院有关部门的意见后，报国务院批准。

国务院和省、自治区、直辖市人民政府可以根据保护饮用水水源的实际需要，调整饮用水水源保护区的范围，确保饮用水安全。

第二十二条　环境保护、水利、地质矿产、卫生、建设等部门应结合各自的职责，对饮用水水源保护区污染防治实施监督管理。

第二十三条　因突发性事故造成或可能造成饮用水水源污染时，事故责任者应立即采取措施消除污染并报告当地城市供水、卫生防疫、环境保护、水利、地质矿产等部门和本单位主管部门。由环境保护部门根据当地人民政府的要求组织有关部门调查处理，必要时经当地人民政府批准后采取强制性措施以减轻损失。

第五章　奖励与惩罚

第二十四条　对执行本规定保护饮用水水源有显著成绩和贡献的单位或个人给予表扬和奖励。奖励办法由市级以上（含市级）环境保护部门制定，报经当地人民政府批准实施。

第二十五条 对违反本规定的单位或个人，应根据《中华人民共和国水污染防治法》及其实施细则的有关规定进行处罚。

第六章 附　　则

第二十六条 本规定由国家环境保护部门负责解释。

第二十七条 本规定自公布之日起实施。

附录2　农村饮水安全工程建设管理办法（2013）

（2013年12月31日，国家发展和改革委员会、水利部、国家卫生和计划生育委员会、环境保护部和财政部联合印发了《农村饮水安全工程建设管理办法》（发改农经〔2013〕2673号，对农村饮水安全工程职责分工、项目实施、资金管理、建后管理等方面做出了详细规定。）

第一章　总　　则

第一条　为加强农村饮水安全工程建设管理，保障农村饮水安全，改善农村居民生活和生产条件，根据《中央预算内投资补助和贴息项目管理办法》（国家发展改革委第3号令）等有关规定，制定本办法。

本办法适用于纳入全国农村饮水安全工程规划、使用中央预算内投资的农村饮水安全工程项目。

第二条　纳入全国农村饮水安全工程规划解决农村饮水安全问题的范围为有关省（自治区、直辖市）县（不含县城城区）以下的乡镇、村庄、学校，以及国有农（林）场、新疆生产建设兵团团场和连队饮水不安全人口。因开矿、建厂、企业生产及其他人为原因造成水源变化、水量不足、水质污染引起的农村饮水安全问题，按照“污染者付费、破坏者恢复”的原则由有关责任单位和责任人负责解决。

第三条　农村饮水安全保障实行行政首长负责制，地方政府对农村饮水安全负总责，中央给予指导和资金支持。“十二五”期间，要按照国务院批准的《全国农村饮水安全工程“十二五”规划》和国家发展改革委、水利部、卫生计生委、环境保护部与各有关省（自治区、直辖市）人民政府、新疆兵团签订的农村饮水安全工程建设管理责任书要求，全面落实各项建设管理任务和责任，认真组织实施，确保如期实现规划目标。

第四条　农村饮水安全工程建设应当按照统筹城乡发展的要求，优化水资源配置，合理布局，优先采取城镇供水管网延伸或建设跨村、跨乡镇联片集中供水工程等方式，大力发展规模集中供水，实现供水到户，确保工程质量和效益。

第五条　各有关部门要在政府的统一领导下，各负其责，密切配合，共同做好农村饮水安全工作。发展改革部门负责农村饮水安全工程项目审批、投资计划审核下达等工作，监督检查投资计划执行和项目实施情况。财政部门负责审核下达预算、拨付资金、监督管理资金、审批项目竣工财务决算等工作，落实财政扶持政策。水利部门负责农村饮水安全工程项目前期工作文件编制审查等工作，组织指导项目的实施及运行管理，指导饮用水水源保护。卫生计生部门负责提出地氟病、血吸虫疫区及其他涉水重病区等需要解决饮水安全问题的范围，有针对性地开展卫生学评价和项目建成后的水质监测等工作，加强卫生监督。环境保护部门负责指导农村饮用水水源地环境状况调查评估和环境监管工作，督促地方把农村饮用水水源地污染防治作为重点流域水污染防治、地下水污染防治、江河湖泊生态环境保护项目以及农村环境综合整治“以奖促治”政策实施的重点优先安排，统筹解决污染型水源地水质改善问题。

第六条 农村饮水安全工程建设标准和工程设计、施工、建设管理，应当执行国家和省级有关技术标准、规范和规定。工程使用的管材和设施设备应当符合国家有关产品质量标准及有关技术规范的要求。

第二章 项目前期工作程序和投资计划管理

第七条 农村饮水安全项目区别不同情况由地方发展改革部门审批或核准。对实行审批制的项目，项目审批部门可根据经批准的农村饮水安全工程规划和工程实际情况，合并或减少某些审批环节。对企业不使用政府投资建设的项目，按规定实行核准制。

各地的项目审批（核准）程序和权限划分，由省级发展改革委商同级水利等部门按照国务院关于推进投资体制改革、转变政府职能、减少和下放投资审批事项、提高行政效能的有关原则和要求确定。项目建设涉及占地和需要开展环境影响评价等工作的，按规定办理。

第八条 各地要严格按照现行相关技术规范和标准，认真做好农村饮水安全工程勘察设计工作，加强水利、卫生计生、环境保护、发展改革等部门间协商配合，着力提高设计质量。工程设计方案应当包括水源工程选择与防护、水源水量水质论证、供水工程建设、水质净化、消毒以及水质检测设施建设等内容。其中，日供水1000立方米或供水人口1万人以上的工程（以下简称“千吨万人”工程），应当建立水质检验室，配置相应的水质检测设备和人员，落实运行经费。

农村饮水安全工程规划设计文件应由具有相应资质的单位编制。

第九条 农村饮水安全工程应当按规定开展卫生学评价工作。

第十条 根据规划确定的建设任务、各项目前期工作情况和年度申报要求，各省级发展改革、水利部门向国家发展改革委和水利部报送农村饮水安全项目年度中央补助投资建议计划。

第十一条 国家发展改革委会同水利部对各省（自治区、直辖市）和新疆兵团提出的建议计划进行审核和综合平衡后，分省（自治区、直辖市）下达中央补助地方农村饮水安全工程项目年度投资规模计划，明确投资目标、建设任务、补助标准和工作要求等。

中央补助地方农村饮水安全工程项目投资为定额补助性质，由地方按规定包干使用、超支不补。

第十二条　中央投资规模计划下达后，各省级发展改革部门要按要求及时会同省级水利部门将计划分解安排到具体项目，并将计划下达文件抄送国家发展改革委、水利部备核。分解下达的投资计划应明确项目建设内容、建设期限、建设地点、总投资、年度投资、资金来源及工作要求等事项，明确各级地方政府出资及其他资金来源责任，并确保纳入计划的项目已按规定履行完成各项建设管理程序。项目分解安排涉及财政、卫生计生、环境保护等部门工作的，应及时征求意见和加强沟通协商。

在中央下达建设总任务和补助投资总规模内，各具体项目的中央投资补助标准由各地根据实际情况确定。

第三章　资金筹措与管理

第十三条　农村饮水安全工程投资，由中央、地方和受益群众共同负担。中央对东、中、西部地区实行差别化的投资补助政策，加大对中西部等欠发达地区的扶持力度。地方投资落实由省级负总责。入户工程部分，可在确定农民出资上限和村民自愿、量力而行的前提下，引导和组织受益群众采取“一事一议”筹资筹劳等方式进行建设。

鼓励单位和个人投资建设农村供水工程。

第十四条　中央安排的农村饮水安全工程投资要按照批准的项目建设内容、规模和范围使用。要建立健全资金使用管理的各项规章制度，严禁转移、侵占和挪用工程建设资金。

各地可在地方资金中适当安排部分经费，用于项目审查论证、技术推广、人员培训、检查评估、竣工验收等前期工作和管理支出。

第十五条　解决规划外受益人口饮水安全问题、提高工程建设标准以及解决农村安全饮水以外其他问题所增加的工程投资由地方从其他资金渠道解决。对中央补助投资已解决农村饮水安全问题的受益区，如出现反复或新增的饮水安全问题，由地方自行解决。

第四章　项 目 实 施

第十六条　农村饮水安全项目管理实行分级负责制。要通过层层落实责任制和签订责任书，把地方各级政府农村饮水安全保障工作的领导责任、部门责任、技术责任等落实到人，并加强问责，确保农村饮水安全工程建得成、管得好、用得起、长受益。

第十七条 农村饮水安全工程建设实行项目法人责任制。对“千吨万人”以上的集中供水工程，要按有关规定组建项目建设管理单位，负责工程建设和建后运行管理；其他规模较小工程，可在制定完善管理办法、确保工程质量的前提下，采用村民自建、自管的方式组织工程建设，或以县、乡镇为单位集中组建项目建设管理单位，负责全县或乡镇规模以下农村饮水安全工程建设管理。

鼓励推行农村饮水安全工程“代建制”，通过招标等方式选择专业化的项目管理单位负责工程建设实施，严格控制项目投资、质量和工期，竣工验收后移交给使用单位。

第十八条 加强项目民主管理，推行用水户全过程参与工作机制。农村饮水安全工程建设前，要进行广泛的社区宣传，就工程建设方案、资金筹集办法、工程建成后的管理体制、运行机制和水价等充分征求用水户代表的意见，并与受益农户签订工程建设与管理协议，协议应作为项目申报的必备条件和开展建设与运行管理的重要依据。工程建设中和建成后，要有受益农户推荐的代表参与监督和管理。

第十九条 农村饮水安全工程投资计划和项目执行过程中确需调整的，应按程序报批或报备。对重大设计变更，须报原设计审批单位审批；一般设计变更，由项目法人组织参建各方及有关专家审定，并将设计变更方案报县级项目主管部门备案。重大设计变更和一般设计变更的范围及标准由省级水利部门制定。

因设计变更等各种原因引起投资计划重大调整的，须报该工程原审批部门审核批准。

第二十条 各地要根据农村饮水安全项目特点，建立健全行之有效的工程质量管理制度，落实责任，加强监督，确保工程质量。

第二十一条 国家安排的农村饮水安全项目要全部进行社会公示。省级公示可通过政府网站、报刊、广播、电视等方式进行，市（地）、县两级的公示方式和内容由省级发展改革和水利部门确定。乡、村级公示在施工现场和受益乡村进行，内容应包括项目批复文件名称、文号，工程措施、投资规模、资金来源、解决农村饮水安全问题户数、人数及完成时间、水价核算、建后管理措施等。

第二十二条 项目建设完成后，由地方发展改革、水利部门商卫生计生等部门及时共同组织竣工验收。省级验收总结报送水利部。验收结果将作为下年度项目和投资安排的重要依据之一。对未按要求进行验收或验收不合格的项目，要限期整改。

第五章 建后管理

第二十三条 农村饮水安全工程项目建成，经验收合格后要及时办理交接手续，明晰工程产权，明确工程管护主体和运行管理方式，完善管理制度，落实管护责任和经费，确保长期发挥效益。以政府投资为主兴建的规模较大的集中供水工程，由按规定组建的项目法人负责管理；以政府投资为主兴建的规模较小的供水工程，可由工程受益范围内的农民用水户协会负责管理；单户或联户供水工程，实行村民自建、自管。由政府授予特许经营权、采取股份制形式或企业、私人投资修建的供水工程形成的资产归投资者所有，由按规定组建的项目法人负责管理。

在不改变工程基本用途的前提下，农村饮水安全工程可实行所有权和经营权分离，通过承包、租赁等形式委托有资质的专业管理单位负责管理和维护。对采用工程经营权招标、承包、租赁的，政府投资部分的收益应继续专项用于农村饮水工程建设和管理。

第二十四条 农村饮水安全工程水价，按照“补偿成本、公平负担”的原则合理确定，根据供水成本、费用等变化，并充分考虑用水户承受能力等因素适时合理调整。有条件的地方，可逐步推行阶梯水价、两部制水价、用水定额管理与超定额加价制度。对二、三产业的供水水价，应按照“补偿成本、合理盈利”的原则确定。

水费收入低于工程运行成本的地区，要通过财政补贴、水费提留等方式，加快建立县级农村饮水安全工程维修养护基金，专户存储，统一用于县域内工程日常维护和更新改造。

第二十五条 各地原则上应以县为单位，建立农村饮水安全工程管理服务机构，建立健全供水技术服务体系和水质检测制度，加强水质检测和工程监管，提供技术和维修服务，保障工程供水水量和水质达标。要全面落实工程用电、用地、税收等优惠政策，切实加强工程运行管理，降低工程运行成本。加强农村饮水安全工程从业人员业务培训，提高工程运行管理水平，保障工程良性运行。

第二十六条 各级水利、环境保护等部门要按职责做好农村饮水安全工程水源保护和监管工作，针对集中式和分散式饮用水水源地的不同特点，依法划定水源保护区或水源保护范围，设置保护标志，明确保护措施，加强污染防治，稳步改善水源地水质状况。

农村饮水安全工程管理单位负责水源地的日常保护管理，要实现工程建设和水源保护“两同时”，做到“建一处工程，保护一处水源”；加强宣传教育，积极引导和鼓励公众参与水源保护工作；确保水源地管理和保护落实到人，责任落实到位。

第二十七条 各级水利、卫生计生、环境保护、发展改革等部门要加强信息沟通，及时向其他部门通报各自掌握的农村饮水安全工程建设和项目建成后的供水运行管理情况。

第六章 监督检查

第二十八条 各省级发展改革、水利部门要会同有关部门全面加强对本省农村饮水安全工程项目的监督和检查。检查内容包括组织领导、相关管理制度和办法制定、项目进度、工程质量、投资管理使用、合同执行、竣工验收和工程效益发挥情况等。

中央有关部门对各地农村饮水安全工程实施情况进行指导和监督检查，视情况组织开展专项评估、随机抽查、重点稽查、飞行检查等工作，建立健全通报通告、年度考核和奖惩制度，引导各地合理申报和安排项目，强化管理，不断提高政府投资效率和效益。

第七章 附则

第二十九条 本办法由国家发展改革委商水利部、卫生计生委、环境保护部、财政部负责解释。各地可根据本办法，结合当地实际，制定实施细则。

第三十条 本办法自发布之日起施行，原《农村饮水安全项目建设管理办法》（发改投资［2007］1752号）同时废止。

附录3 生活饮用水卫生监督管理办法（2016）

（国家住房城乡建设部和国家卫生计生委对《生活饮用水卫生监督管理办法》进行了修改并于2016年4月17日发布（第31号令），自2016年6月1日起施行。）

第一章 总 则

第一条 为保证生活饮用水（以下简称饮用水）卫生安全，保障人体健康，根据《中华人民共和国传染病防治法》及《城市供水条例》的有关规定，制定本办法。

第二条 本办法适用于集中式供水、二次供水单位（以下简称供水单位）和涉及饮用水卫生安全的产品的卫生监督管理。

凡在中华人民共和国领域内的任何单位和个人均应遵守本办法。

第三条 国务院卫生计生主管部门主管全国饮用水卫生监督工作。县级以上地方人民政府卫生计生主管部门主管本行政区域内饮用水卫生监督工作。

国务院住房城乡建设主管部门主管全国城市饮用水卫生管理工作。县级以上地方人民政府建设行政主管部门主管本行政区域内城镇饮用水卫生管理工作。

第四条 国家对供水单位和涉及饮用水卫生安全的产品实行卫生许可制度。

第五条 国家鼓励有益于饮用水卫生安全的新产品、新技术、新工艺的研制开发和推广应用。

第二章 卫 生 管 理

第六条 供水单位供应的饮用水必须符合国家生活饮用水卫生标准。

第七条 集中式供水单位取得工商行政管理部门颁发的营业执照后，还应当取得县级以上地方人民政府卫生计生主管部门颁发的卫生许可证，方可供水。

第八条 供水单位新建、改建、扩建的饮用水供水工程项目，应当符合卫生要求，选址和设计审查、竣工验收必须有建设卫生计生主管部门参加。

新建、改建、扩建的城市公共饮用水供水工程项目由建设行政主管部门负责组织选址、设计审查和竣工验收，卫生计生主管部门参加。

第九条 供水单位应建立饮用水卫生管理规章制度，配备专职或兼职人员，负责饮用水卫生管理工作。

第十条 集中式供水单位必须有水质净化消毒设施及必要的水质检验仪器、设备和人员，对水质进行日常性检验，并向当地人民政府卫生计生主管部门和建设行政主管部门报送检测资料。

城市自来水供水企业和自建设施对外供水的企业，其生产管理制度的建立和执行、人员上岗的资格和水质日常检测工作由城市建设行政主管部门负责管理。

第十一条 直接从事供、管水的人员必须取得体检合格证后方可上岗工作，并每年进行一次健康检查。

凡患有痢疾、伤寒、甲型病毒性肝炎、戊型病毒性肝炎、活动性肺结核、化脓性或渗出性皮肤病及其他有碍饮用水卫生的疾病的和病原携带者，不得直接从事供、管水工作。

直接从事供、管水的人员，未经卫生知识培训不得上岗工作。

第十二条 生产涉及饮用水卫生安全的产品的单位和个人，必须按规定向政府卫生计生主管部门申请办理产品卫生许可批准文件，取得批准文件后，方可生产和销售。

任何单位和个人不得生产、销售、使用无批准文件的前款产品。

第十三条 饮用水水源地必须设置水源保护区。保护区内严禁修建任何可能危害水源水质卫生的设施及一切有碍水源水质卫生的行为。

第十四条 二次供水设施选址、设计、施工及所用材料，应保证不使饮用水水质受到污染，并有利于清洗和消毒。各类蓄水设施要加强卫生防护，定期清洗和消毒。具体管理办法由省、自治区、直辖市根据本地区情况另行规定。

第十五条 当饮用水被污染，可能危及人体健康时，有关单位或责任人应立即采取措施，消除污染，并向当地人民政府卫生计生主管部门和建设行政主管部门报告。

第三章 卫生监督

第十六条 县级以上人民政府卫生计生主管部门负责本行政区域内饮用水卫生监督监测工作。

供水单位的供水范围在本行政区域内的，由该行政区人民政府卫生计生主管部门负责其饮用水卫生监督监测工作。

供水单位的供水范围超出其所在行政区域的，由供水单位所在行政区域的上一级人民政府卫生计生主管部门负责其饮用水卫生监督监测工作。

供水单位的供水范围超出其所在省、自治区、直辖市的，由该供水单位所在省、自治区、直辖市人民政府卫生计生主管部门负责其饮用水卫生监督监测工作。

铁道、交通、民航行政主管部门设立的卫生监督机构，行使国务院卫生计生主管部门会同国务院有关部门规定的饮用水卫生监督职责。

第十七条 新建、改建、扩建集中式供水项目时，当地人民政府卫生计生主管部门应做好预防性卫生监督工作，并负责本行政区域内饮用水的水源水质监测和评价。

第十八条 医疗单位发现因饮用水污染出现的介水传染病或化学中毒病例时，应及时向当地人民政府卫生计生主管部门和卫生防疫机构报告。

第十九条 县级以上地方人民政府卫生计生主管部门负责本行政区域内饮用水污染事故对人体健康影响的调查。当发现饮用水污染危及人体健康，须停止使用时，对二次供水单位应责令其立即停止供水；对集中式供水单位应当会同城市建设行政主管部门报同级人民政府批准后停止供水。

第二十条 供水单位卫生许可证由县级以上人民政府卫生计生主管部门按照本办法第十六条规定的管理范围发放，有效期四年。有效期满前六个月重新提出申请换发新证。

第二十一条 涉及饮用水卫生安全的产品，应当按照有关规定进行卫生安全性评价，符合卫生标准和卫生规范要求。

利用新材料、新工艺和新化学物质生产的涉及饮用水卫生安全产品应当取得国务院卫生计生主管部门颁发的卫生许可批准文件；除利用新材料、新工艺和新化学物质外生产的其他涉及饮用水卫生安全产品，应当取得省级人民政府卫生计生主管部门颁发的卫生许可批准文件。

涉及饮用水卫生安全产品的卫生许可批准文件的有效期为四年。

第二十二条 凡取得卫生许可证的单位或个人，以及取得卫生许可批准文件的饮用水卫生安全的产品，经日常监督检查，发现已不符合卫生许可证颁发条件或不符合卫生许可批准文件颁发要求的，原批准机关有权收回有关证件或批准文件。

第二十三条 县级以上人民政府卫生计生主管部门设饮用水卫生监督员，负责饮用水卫生监督工作。县级人民政府卫生计生主管部门可聘任饮用水卫生检查员，负责乡、镇饮用水卫生检查工作。

饮用水卫生监督员由县级以上人民政府卫生计生主管部门发给证书，饮用水卫生检查员由县级人民政府卫生计生主管部门发给证书。

铁道、交通、民航的饮用水卫生监督员，由其上级行政主管部门发给证书。

第二十四条 饮用水卫生监督员应秉公执法，忠于职守，不得利用职权谋取私利。

第四章 罚 则

第二十五条 集中式供水单位安排未取得体检合格证的人员从事直接供、管水工作或安排患有有碍饮用水卫生疾病的或病原携带者从事直接供、管水工作的，县级以上地方人民政府卫生计生主管部门应当责令限期改进，并可对供水单位处以20元以上1000元以下的罚款。

第二十六条 违反本办法规定，有下列情形之一的，县级以上地方人民政府卫生计生主管部门应当责令限期改进，并可处以20元以上5000元以下的罚款：

（一）在饮用水水源保护区修建危害水源水质卫生的设施或进行有碍水源水质卫生的作业的；

（二）新建、改建、扩建的饮用水供水项目未经卫生计生主管部门参加选址、设计审查和竣工验收而擅自供水的；

（三）供水单位未取得卫生许可证 而擅自供水的；

（四）供水单位供应的饮用水不符合国家规定的生活饮用水卫生标准的。

第二十七条 违反本办法规定，生产或者销售无卫生许可批准文件的涉及饮用水卫生安全的产品的，县级以上地方人民政府卫生计生主管部门应当责令改进，并可处以违法所得3倍以下的罚款，但最高不超过30000元，或处以500元以上10000元以下的罚款。

第二十八条 城市自来水供水企业和自建设施对外供水的企业，有下列行为之一的，由建设行政主管部门责令限期改进，并可处以违法所得3倍以下的罚款，但最高不超过30000元，没有违法所得的可处以10000元以下罚款：

（一）新建、改建、扩建的饮用水供水工程项目未经建设行政主管部门设计审查和竣工验收而擅自建设并投入使用的；

（二）未按规定进行日常性水质检验工作的。

第五章 附 则

第二十九条 本办法下列用语的含义是：

集中式供水：由水源集中取水，经统一净化处理和消毒后，由输水管网送至用户的供水方式（包括公共供水和单位自建设施供水）。

二次供水：将来自集中式供水的管道水另行加压、储存，再送至水站或用户的供水设施；包括客运船舶、火车客车等交通运输工具上的供水（有独自制水设施者除外）。

涉及饮用水卫生安全的产品：凡在饮用水生产和供水过程中与饮用水接触的连接止水材料、塑料及有机合成管材、管件、防护涂料、水处理剂、除垢剂、水质处理器及其他新材料和化学物质。

直接从事供、管水的人员：从事净水、取样、化验、二次供水卫生管理及水池、水箱清洗人员。

第三十条 本办法由国务院卫生计生主管部门、国务院住房城乡建设主管部门负责解释。

第三十一条 本办法自一九九七年一月一日起施行。

参考文献

[1] 李仰斌，谢崇宝，孙金华，等. 农村饮用水水源保护及污染防控技术 [M]. 北京：中国水利水电出版社，2010.

[2] 水利部农村水利司，中国灌溉排水发展中心，水利部农村饮水安全中心. 农村供水处理技术与水厂设计 [M]. 北京：中国水利水电出版社，2010.

[3] 冯翠萍. 农村饮用水安全与卫生 [M]. 北京：中国社会出版社，2010.

[4] 刘玲花，周怀东，刘来胜，等. 村镇集雨饮水安全保障适用技术 [M]. 北京：化学工业出版社，2014.

[5] 张亚雷，杨继富. 中国村镇饮水安全科技新进展 [M]. 北京：中国水利水电出版社，2016.

[6] 李仰斌，谢崇宝，张国华，等. 村镇饮用水源保护和污染防控技术 [M]. 北京：中国水利水电出版社，2016.

[7] 杨继富，贾燕南，赵翠，等. 农村供水消毒技术及设备选择与应用 [M]. 北京：中国水利水电出版社，2016.

[8] 张国珍. 集雨饮用水（窖水）人饮安全理论与技术研究 [M]. 北京：中国水利水电出版社，2016.

[9] 龚道孝，李志超. 我国饮用水安全监管法规体系构建研究 [J]. 城市发展研究，2015，22(2)：89~95.